Mathematisches Unterrichtswerk
    der deutschschweizerischen Mathematikkommission

Verein Schweizerischer Mathematik- und Physiklehrer

Prof. Dr. Karl Dändliker †

O. Schläpfer

Darstellende Geometrie

Aufgabensammlung

Orell Füssli Verlag

10., unveränderte Auflage 1998
© Orell Füssli Verlag Zürich 1983
ISBN 3 280 01444 1

Vorwort zur 1. Auflage

Die vorliegende Aufgabensammlung ist die zweite Auflage der im Jahre 1924 erschienenen «Aufgaben aus der darstellenden Geometrie» des Verfassers. Sie ist vollständig umgearbeitet worden, da die Einteilung in Übereinstimmung gebracht werden mußte mit derjenigen des Leitfadens der darstellenden Geometrie von Dr. *H. Flückiger*. Die vorliegende Aufgabensammlung kann aber auch zu jedem anderen Leitfaden benutzt werden, da die Überschriften der einzelnen Abschnitte übersichtlich angeordnet sind.

Aufgaben schwereren Charakters sind den Wünschen vieler Kollegen entsprechend wieder mit einem † kenntlich gemacht. Eine Aufgabe soll erst dann als vollständig gelöst betrachtet werden, wenn man die Bedingungen ermittelt hat, unter welchen sie keine, eine, zwei oder mehr Lösungen hat.

Zu Dank verpflichtet bin ich Herrn Dr. *S. Joß*, Gymnasiallehrer in Bern, für seine wertvollen Anregungen und die gründliche Durchsicht der Korrekturbogen.

Solothurn, im August 1945.   Dr. *K. Dändliker*

Vorwort zur 2. Auflage

Die zweite Auflage ist eine vollständige Umarbeitung der ersten. Obschon darin viele neue Aufgaben aufgenommen wurden, konnte durch Zusammenfassen ähnlicher Aufgaben und durch Vermeidung von Wiederholungen die Anzahl der Aufgaben verringert werden. Die Aufgaben über den dritten Teil des Leitfadens (Ausblicke auf andere Projektionsarten) wurden weggelassen. Neu ist ein Abschnitt über das kollineare Bild des Kreises und die entsprechenden Kegelschnittkonstruktionen. Eine wesentliche Änderung erfuhren die Dispositionen. Ihre Anzahl wurde stark vergrößert; die Maße beziehen sich nun auf ein genau gegebenes Koordinatensystem und auf eine einheitliche Blattgröße. Leider können die beiden Auflagen nicht nebeneinander benützt werden.

Meinem lieben Kollegen Professor Dr. Marcel Rueff danke ich für seine sehr wertvolle kritische Mitarbeit, der Lehrmittelkommission für ihre große Geduld.

Zürich, im März 1957.

O. Schläpfer

Vorwort zur 4. Auflage

Die Umgestaltung der vorliegenden Aufgabensammlung anläßlich der 2. Auflage und die Dispositionen haben sich so gut bewährt, daß für die 3. Auflage nur wenig Änderungen vorgenommen werden mußten und nun die 4. Aufl. unverändert erscheinen kann. Die 2. bis 4. Auflage lassen sich deshalb sehr gut nebeneinander in der gleichen Klasse verwenden.

Hinweise auf Druckfehler und allfällige Anregungen nimmt der Bearbeiter, O. Schläpfer, Weinbergstraße 96, 8006 Zürich, gerne entgegen.

Bern, Juli 1965.

Der Präsident der
Lehrmittelkommission des VSMP

R. Friedli

Erster Teil

Kotierte Normalprojektion

Wenn der Text der Aufgaben nichts anderes vorschreibt, gilt folgendes: Von einem gegebenen Punkt sind sein Grundriß und seine Kote anzunehmen. Von einer gegebenen Geraden wähle man den Grundriß und die Umlegung oder den graduierten Grundriß. Eine gegebene Ebene in allgemeiner Lage wird durch Wahl einer Fallgeraden festgelegt. Wahl des Koordinatensystems: Nullpunkt in der Mitte des Blattes; x-Achse und y-Achse in der Rißebene; die z-Koordinaten sind die Koten; Einheit = 1 cm.

Soll in einer Aufgabe ein Raumelement gefunden werden, so gebe man die oben genannten Bestimmungsstücke an. Ist zum Beispiel eine Gerade gesucht, so sind ihr Grundriß und ihre Umlegung oder ihr graduierter Grundriß zu konstruieren.

§ 1. Darstellung des Punktes, der Geraden und der Ebene

9. Kotierter Normalriß des Punktes

1. Stelle verschiedene Punkte dar und entwirf in einer Nebenfigur ein anschauliches Bild der Rißebene und der Punkte mit ihren Rissen. Wähle die Koten positiv, negativ und auch gleich 0.

2. Bestimme den Abstand der Punkte P und Q, wenn
   a) die Risse zusammenfallen,
   b) die Koten gleich sind.

3. Suche den Mittelpunkt einer Strecke, welche parallel oder normal zur Bildebene ist.

10.–14. Darstellung der Geraden

4. Gegeben sind die Gerade $g = AB$ und der Punkt P, wobei P' auf g' liegt. Untersuche, ob P auf g liegt und stelle die Bedingung auf, welche zwischen den Strecken $A'P' = c$, $B'P' = d$ und den Koten a, b, p der Punkte bestehen muß, damit A, B und P auf einer Geraden liegen.

5. Lege zur gegebenen Geraden g die parallelen Deckgeraden im Abstand 4 und bestimme ihre Spurpunkte.

6. Gegeben sind die Gerade g und der Punkt S, wobei S' auf g' liegt. Bestimme die Länge und den Fußpunkt des Abstandes des Punktes von der Geraden.

7. Bestimme in der projizierenden Ebene der gegebenen Geraden g einen Punkt mit der Kote 3, welcher von g den Abstand 2 hat.

8. Gegeben sind die Gerade $g = PQ$ und der Punkt M' auf g'. Bestimme einen Punkt M mit dem Riß M' so, daß er von P und Q gleiche Abstände hat.

9. Die Risse der Punkte A, B, C, D mit den Koten a, b, c, d bilden ein Parallelogramm. Welche Bedingung müssen diese Koten erfüllen, damit die Punkte A, B, C, D ebenfalls ein Parallelogramm bilden? Was läßt sich in diesem Falle und bei lauter positiven Koten über ein Viereck mit den Seiten a, b, c, d aussagen?

10. Gegeben sind zwei Gerade a und b mit parallelen Rissen. Suche auf a den Punkt mit gegebener Kote p und lege durch ihn die Parallele zu b. Konstruiere ihren Spurpunkt und ihren Schnittwinkel mit a.

11. Von einer Geraden a, welche die gegebene Gerade g schneidet, kennt man den Riß und den Spurpunkt. Konstruiere den Neigungswinkel von a.

12. Eine Gerade g ist gegeben; von einer zweiten Geraden a kennt man den Riß und den Neigungswinkel. Bestimme a so, daß die beiden Geraden sich schneiden. Gib die Kote des Schnittpunktes und den Spurpunkt von a an.

†13. Von zwei sich schneidenden Geraden r und s kennt man die Risse und die Spurpunkte R und S. Suche die Kote des Schnittpunktes P, wenn der Neigungswinkel von r gleich der Hälfte des Neigungswinkels von s sein soll. Berechne die gesuchten Winkel und die Kote von P als Funktionen der Strecken $P'R$ und $P'S$. Diskutiere die Lösbarkeit der Aufgabe.

14. Bestimme den Schwerpunkt des Dreiecks ABC und drücke seine Kote durch die Koten a, b, c der Ecken aus.

15. Die gegebenen Punkte P, Q, R mit den Koten p, q, r sind die Mitten dreier Seiten eines Parallelogramms $ABCD$. Konstruiere ein solches Parallelogramm und drücke die Koten seiner Ecken durch p, q und r aus.

16. Bestimme die Länge und den Neigungswinkel der gegebenen Strecke AB und drücke die gesuchten Stücke durch die Koten der Endpunkte und die Strecke $A'B'$ aus.

17. Suche auf der gegebenen Geraden AB den Punkt T, dessen Teilverhältnis $AT:BT = \lambda$ gegeben ist. Drücke seine Kote t durch λ und die Koten a und b der gegebenen Punkte aus.

18. A sei der Anfangspunkt einer Strecke, von der man noch den Riß B' des Endpunktes kennt. Suche die Kote von B, wenn von der Strecke die Länge oder der Neigungswinkel gegeben ist.

†19. Gegeben ist eine Gerade g mit dem Neigungswinkel α. Wähle auf g einen beliebigen Punkt P mit der Kote p und trage p auf g von P aus nach beiden Seiten ab. Die erhaltenen Punkte seien P_1 und P_2. Beschreibe die Abbildungen der Geraden g auf sich, welche P in P_1 bzw. P in P_2 überführen.

20. Suche auf dem Riß der gegebenen Strecke AB den Punkt P, dessen Abstände von A und B
    a) gleich sind,
    b) sich wie $m:n$ verhalten,
    c) einen gegebenen Winkel bilden,
    d) möglichst kleine Summe haben.

21. Von einer Strecke AB kennt man den Riß und den Neigungswinkel, bestimme die Koten von A und B, wenn ihre Summe gleich der Länge der Strecke ist.

†22. A und B sind zwei gegebene Punkte. Gib in der Rißebene alle Punkte P an, für welche die Geraden AP und BP gleiche Neigungswinkel haben.

15.–17. Darstellung der Ebene

23. Suche die Spur einer Ebene, welche
    a) durch drei Punkte,
    b) durch einen Punkt und eine Gerade gegeben ist.

24. Eine Ebene ist wie in Aufgabe 23 gegeben. Bestimme in der Ebene eine Gerade mit vorgeschriebenem Riß.
25. Ermittle in der Ebene des Dreiecks ABC eine Gerade g, welche AB innen im Verhältnis 3 : 2 und BC außen im Verhältnis 5 : 3 teilt. In welchem Verhältnis teilt g die dritte Seite CA? (Satz des Menelaus)
26. Eine Ebene ist wie in Aufgabe 23 gegeben. Bestimme die Kote eines in der Ebene liegenden Punktes mit vorgeschriebenem Riß. Ermittle die wahre Länge einer in der Ebene liegenden Strecke, deren Riß gegeben ist.
27. Eine Ebene ist durch einen Punkt P und eine Hauptgerade h gegeben. Bestimme in der Ebene eine weitere Hauptgerade mit gegebener Kote. Löse dieselbe Aufgabe, wenn statt der Hauptgeraden h eine allgemeine Gerade g gegeben ist.
28. Eine Ebene ist durch die Punkte A, B, C mit den Koten 33, 36 und 29 gegeben. Zeichne in dieser Ebene die Hauptgerade mit der Kote 37.
29. Eine Ebene ist durch zwei Hauptgerade gegeben. Bestimme die Kote eines Punktes dieser Ebene mit vorgeschriebenem Riß.
30. s sei die Spur einer Ebene, in der ein Dreieck liegt, von dem man den Riß kennt und dessen Schwerpunkt die Kote 6 hat. Bestimme die Koten der Ecken.
31. Von einem ebenen Fünfeck $ABCDE$ sind die Ecken A, B, C gegeben. Bestimme die Koten der Ecken D und E, wenn ihre Risse gegeben sind.
32. Von einer Ebene kennt man eine Gerade g und den Riß h' einer Hauptgeraden. Bestimme den Neigungswinkel der Ebene.
33. Bestimme den Neigungswinkel der in Aufgabe 28 gegebenen Ebene.
34. Konstruiere den Neigungswinkel einer durch zwei sich schneidende Gerade bestimmten Ebene.
35. Eine Ebene ist gegeben durch ihre Spur und ihren Neigungswinkel. In dieser Ebene liegt ein Dreieck ABC, dessen Riß gegeben ist. Bestimme die Koten der Ecken, die Längen der Seiten und daraus die wahre Gestalt des Dreiecks.

36. In einer durch Spur und Neigungswinkel bestimmten Ebene liegt eine Gerade g, von welcher der Riß g' gegeben ist. Konstruiere den Neigungswinkel von g. Wann ist dieser am größten?

37. Gegeben ist eine Hauptgerade h. In einer Ebene, welche durch h geht, liegt eine Strecke PQ, von der der Riß und die wahre Länge d bekannt sind. Suche die Koten von P und Q.

38. Suche den Abstand zweier paralleler Ebenen, die durch ihre Spuren und ihren Neigungswinkel gegeben sind.

39. Lege durch den gegebenen Punkt A die Parallelebene zu einer Ebene, welche gegeben ist durch
    a) eine Fallgerade,
    b) zwei sich schneidende Gerade,
    c) eine Gerade und einen Punkt,
    d) drei Punkte.

40. Gegeben sind zwei windschiefe Gerade a und b. Lege durch a die Parallelebene zu b und durch b die Parallelebene zu a; bestimme die Mittelparallelebene dieser Ebenen.

41. Suche den Abstand zweier windschiefer Geraden g und l, wenn l eine Hauptgerade ist.

42. Gegeben ist eine Ebene (siehe Bemerkung am Anfang). Von einer zu ihr parallelen Geraden g kennt man den Riß und den Spurpunkt. Konstruiere die Umlegung von g.

43. Gegeben sind eine Ebene α und ein Punkt S. Bestimme die zu α zentralsymmetrische Ebene bezüglich S.

44. Gegeben sind eine Gerade g und ein Punkt A. Suche in der Rißebene eine durch den Spurpunkt von g gehende Gerade s, so daß die Ebene (g, s) und die Ebene (A, s) gleiche Neigungswinkel haben.

18. Schnittgerade zweier Ebenen

45. Die Kante AE eines Würfels liegt in der Rißebene, während die Diagonalfläche $AEGC$ projizierend ist. Schneide den Würfel mit einer weitern projizierenden Ebene und suche die wahre Größe der Schnittfigur.

46. Ein Rechteck der Rißebene sei eine Seitenfläche eines geraden regulären sechsseitigen Prismas. Schneide dieses mit einer projizierenden Ebene und zeichne die wahre Gestalt der Schnittfigur.

47. Schneide ein reguläres Tetraeder, das auf der Rißebene steht, mit einer projizierenden Ebene und suche die wahre Gestalt der Schnittfigur.

48. Schneide ein schiefes vierseitiges Prisma, dessen Grundfläche in der Rißebene liegt, mit einer projizierenden Ebene und suche die wahre Größe der Schnittfigur. Wie sind die Kanten des Prismas und die Schnittebene zu wählen, damit die Schnittfläche zur Grundfläche kongruent wird?

49. Gegeben ist eine schiefe Pyramide durch die reguläre sechsseitige Grundfläche in der Rißebene und die Spitze. Bestimme die wahre Größe des Schnittes mit einer projizierenden Ebene.

†50. Schneide einen Würfel, dessen eine Körperdiagonale projizierend ist, mit einer projizierenden Ebene und suche die wahre Größe der Schnittfigur.

51. Gegeben sind ein Dreieck ABC und eine projizierende Ebene. Bestimme die wahre Gestalt der Normalprojektion des Dreiecks auf die gegebene Ebene.

52. Schneide zwei Ebenen, welche je durch eine Fallgerade gegeben sind. Beachte den Spezialfall, wo die Risse dieser Fallgeraden parallel sind.

53. Konstruiere die Schnittgerade zweier Ebenen, die je durch eine Gerade und einen Punkt gegeben sind. Nimm auch speziell die Geraden als parallele Hauptgerade an.

54. Schneide zwei Ebenen, die je durch zwei sich schneidende oder zwei parallele Gerade gegeben sind.

55. Die Punkte A, B, C, D, E, F haben die Koten 3, 5, 2, 4, 6, 0, während die Risse ein reguläres Sechseck bilden. Durchdringe die Dreiecke ACE und BDF unter Berücksichtigung der Sichtbarkeit.

56. Durchdringe das Parallelogramm $A(0|2|12)$ $B(1|7|12)$ $C(4|5|10)$ $D(3|0|10)$ und das Dreieck $E(0|5|8)$ $F(3|7|10)$ $G(4|3|13)$.

57. Drei Ebenen sind durch graduierte Fallgerade gegeben. Suche ihren Schnittpunkt und zeige, daß die aus gleich kotierten Hauptgeraden gebildeten Dreiecke perspektiv ähnlich sind. Welche Bedeutung hat das Ähnlichkeitszentrum? Welche gegenseitige Lage haben die Ebenen, wenn die erwähnten Dreiecke kongruent sind?

58. Lege durch die Seiten der folgenden Polygone der Rißebene (Trauflinien eines Daches) Ebenen mit gleichen Neigungswinkeln, so daß das Innere des Polygons durch lauter gleich steile Ebenen überdacht wird. Bestimme die Kanten (Gräte, Kehlen und Firste) dieses Daches.
a) $A(0|0)$ $B(9|0)$ $C(9|3)$ $D(5|3)$ $E(5|7)$ $F(0|7)$
b) $A(0|3)$ $B(3|3)$ $C(3|0)$ $D(5|0)$ $E(5|5)$ $F(7|5)$ $G(7|7)$
$H(6|9)$ $I(4|9)$ $K(4|7)$ $L(0|7)$

59. Löse die gleiche Aufgabe für ein beliebiges Viereck der Rißebene. Wie muß das Viereck beschaffen sein, damit das Dach eine Pyramide wird?

60. Ein in einer Hauptebene liegendes regelmäßiges Sechseck stellt die Dachtraufen eines Hauses dar. Suche die Dachausmittlung, wenn die Neigungswinkel der sechs Flächen $10°$, $20°, \ldots, 60°$ sind.

†61. Gegeben ist ein Viereck in der Rißebene. Lege durch seine Seiten Ebenen, welche gegen das Innere des Vierecks unter dem gleichen Winkel α geneigt sind. Schneide diese vier Ebenen und stelle den durch sie begrenzten Körper dar. Für welche Vierecke und welche Werte von α ist dieser Körper ein reguläres Tetraeder?

62. Zeichne in der Rißebene ein Quadrat mit der Seite 10, dazu ein konzentrisches Quadrat mit der Seite 6, dessen Ecken auf den Mittenlinien des ersten liegen. Errichte über dem großen Quadrat die gerade Pyramide mit der Höhe 5, über dem kleinen diejenige mit der Höhe 10. Schneide die Pyramiden unter Berücksichtigung der Sichtbarkeit.

†63. Trapezoeder. Zeichne in der Rißebene ein gleichseitiges Dreieck mit der Seite s und ein weiteres, das aus dem ersten durch eine Drehung um den Schwerpunkt um den Winkel α hervorgeht. Errichte über den beiden Dreiecken gerade Pyramiden mit gleichen Höhen h und Spitzen symmetrisch bezüglich der Rißebene. Schneide die (über die Rißebene hinaus fortgesetzten) Pyramidenmäntel und stelle den von ihnen eingeschlossenen Körper dar: trigonales Trapezoeder. Wie groß müssen α und h sein, damit der entstehende Körper ein Würfel ist? In analoger Weise lassen sich tetragonale und hexagonale Trapezoeder erzeugen.

19. Schnittpunkt einer Geraden mit einer Ebene

64. Bestimme den Schnittpunkt einer Geraden g mit einer Ebene, welche gegeben ist durch
    a) eine Fallgerade,
    b) eine Gerade und einen Punkt,
    c) drei Punkte,
    d) zwei sich schneidende Gerade.
    Wähle g auch speziell als Hauptgerade.

65. Gegeben ist ein Prisma durch seine Grundfläche in der Rißebene und die Richtung der Kanten. Schneide es mit einer gegebenen Geraden. Löse die gleiche Aufgabe für eine Pyramide.

66. Gegeben sind eine Ebene α durch ihre Spur s und den Punkt A und eine zweite Ebene β. Bestimme in α eine Gerade durch A, welche parallel zur Ebene β ist.

67. Zwei windschiefe Gerade a und b und eine Richtung r sind gegeben. Konstruiere eine Parallele zu r, welche a und b schneidet. Wähle r auch speziell parallel zur Rißebene.

68. Gegeben sind zwei windschiefe Gerade a und b und ein Punkt P. Suche die Transversale von a und b durch P.

Einige weitere Lageaufgaben

69. Ein dreiseitiger prismatischer Stab liegt mit einer Seitenfläche auf der Rißebene. Zeichne bei paralleler Beleuchtung den Schlagschatten einer gegebenen Geraden auf diesen Stab und die Rißebene.

70. Gegeben sind zwei parallele Ebenen und eine Gerade. Bestimme auf der Geraden einen Punkt mit gleichen Abständen von den Ebenen.

71. Eine Ebene α, eine Gerade b und ein Punkt M sind gegeben. Zeichne eine Strecke mit dem Mittelpunkt M, dem Anfangspunkt in α und dem Endpunkt auf b.
72. Gegeben sind drei windschiefe Gerade a, b und m. Konstruiere eine gemeinsame Transversale, für welche der Schnittpunkt mit m in der Mitte zwischen den Schnittpunkten mit a und b liegt.
73. Gegeben sind zwei Punkte A, B und eine Gerade g. Lege durch A und B zwei parallele Ebenen, deren Mittelparallelebene g enthält.
74. Bestimme vier parallele äquidistante Ebenen, von denen jede einen der vier gegebenen Punkte A, B, C, D enthält. Zeichne die Spuren dieser Ebenen.
75. Zwei Ebenen α und β und eine Gerade g sind gegeben. Lege durch g eine dritte Ebene, welche α und β in parallelen Geraden schneidet, und zeichne diese Schnittgeraden.
76. Zeichne eine allgemeine vierseitige Pyramide mit Grundfläche in der Rißebene. Lege durch den gegebenen Punkt P eine Ebene, welche den Pyramidenmantel in einem Parallelogramm schneidet, und zeichne die Schnittfigur. Beachte den Spezialfall, wo die Grundfläche ein Trapez ist.
77. Ein Punkt S ist mit drei Punkten A, B, C der Rißebene durch starre Stäbe verbunden. In S greift eine normal zur Rißebene gerichtete Kraft an. Zerlege sie in ihre Komponenten in den Stäben.
78. Konstruiere ein Parallelflach mit Kanten auf drei gegebenen windschiefen Geraden a, b, c. $a = A\,(4|5|4)\ P\,(-4|1|0)$; $b = B\,(1|0|18)\ Q\,(5|12|6)$; $c = C\,(0|-4|6)\ R\,(8|-8|0)$.
†79. Im Innern eines Dreikants mit einer Seitenfläche in der Rißebene liegt ein Punkt S. Lege durch S eine Ebene, so daß S der Schwerpunkt des aus dem Dreikant geschnittenen Dreiecks wird. Zeichne das Dreieck. Löse die entsprechende Aufgabe auch für drei windschiefe Gerade.

20.–21. Normalstehen von Gerade und Ebene

80. Eine Ebene ist gegeben durch ihre Spur und den Punkt P. Errichte in P die Normale zur Ebene.

81. Eine Ebene ist durch die Punkte A, B, C gegeben. Zeichne in A die Normale zur Ebene.
82. Lege zur Geraden AB die Normalebene durch A.
83. Gegeben sind die Gerade g und der Punkt P. Lege durch P die Normalebene zu g und konstruiere die wahre Länge des Abstandes des Punktes von der Geraden.
84. Gegeben sind die Punkte A, B und die Gerade g. Suche auf g einen Punkt, der von A und B gleiche Abstände hat. Wähle g auch speziell als Hauptgerade oder als projizierende Gerade.
85. Von einem rechtwinkligen Dreieck ABC mit dem rechten Winkel in C sind A, C und B' gegeben. Bestimme die Kote von B.
86. Gegeben sind die Strecke AB und die Gerade g (Hauptgerade oder allgemein). Konstruiere ein Rechteck mit einer Seite AB und einer weitern Ecke auf g.
87. Konstruiere einen Rhombus $ABCD$. Seine Diagonale AC ist gegeben, und die Ecke B soll auf der gegebenen Geraden g liegen.
88. Im Dreieck ABC sei H der Fußpunkt der Höhe h_a. Konstruiere das Dreieck, wenn
    a) A, H, B' und C',
    b) B, C, H' und A' gegeben sind. (H', B', C' auf einer Geraden)
89. Von einer dreiseitigen Pyramide ist die Grundfläche ABC gegeben. Konstruiere die Spitze S, wenn die Kanten AS, BS, CS gleich lang sind und S vorgeschriebene Kote hat. Stelle den Körper dar.
90. Gegeben sind die Ebene α und der Punkt P. Konstruiere den Abstand des Punktes P von α und den symmetrischen Punkt zu P bezüglich α. Die Ebene ist gegeben durch
    a) eine Fallgerade,
    b) einen Punkt und eine Gerade,
    c) drei Punkte.
91. Zeichne die Normalprojektion einer Geraden g auf eine Ebene α und konstruiere die symmetrische Gerade zu g bezüglich α.
92. Bestimme auf einer gegebenen Geraden die Punkte, welche von einer gegebenen Ebene einen vorgeschriebenen Abstand haben.

93. Die Geraden a und b schneiden sich im Punkte P. Konstruiere die Winkelhalbierungsebenen von a und b als Mittelnormalebenen von Punkten A und B auf a und b, welche von P gleiche Abstände haben.

94. Gegeben ist eine Ebene α durch ihre Spur s und den Punkt A, ferner eine Gerade g. Zeichne in α eine Gerade durch A, welche normal zu g steht.

95. Gegeben sind zwei windschiefe Gerade a, b und ein Punkt P. Zeichne durch P eine Gerade, welche zu a und b (windschief-) normal steht.

96. Konstruiere ein regelmäßiges Oktaeder, von dem eine Ecke im gegebenen Punkte P, eine Diagonale auf der gegebenen Geraden g liegt.

†97. In der Rißebene liegen die Geraden a, b und der Riß P' eines Punktes P. Bestimme die Kote von P, so daß die Ebenen (P,a) und (P,b) normal aufeinander stehen. Wo muß P' liegen, damit die Aufgabe lösbar ist?

§ 2. Normalprojektion und wahre Gestalt ebener Figuren. Perspektive Affinität

22. Umklappen der Ebene

98. Bestimme den Winkel, den zwei sich schneidende Gerade bilden. Löse die Aufgabe auch, wenn die Spurpunkte nicht erreichbar sind.

99. In einer gegebenen Ebene ist eine Gerade g durch ihren Riß festgelegt. Lege in der Ebene die Parallelen zu g im vorgeschriebenen Abstand d.

100. Suche die wahre Größe eines Dreiecks ABC, wenn die Spur seiner Ebene nicht erreichbar ist.

101. In einer gegebenen Ebene liegt ein Fünfeck, von dem man den Riß kennt. Bestimme seine wahre Gestalt.

102. Bestimme den Abstand eines Punktes von einer Geraden (vgl. Nr. 83).

§ 2. Wahre Gestalt ebener Figuren. Affinität

103. Von einem Quadrat kennt man die Diagonale AC und die Hauptgerade seiner Ebene durch den Mittelpunkt. Suche den Riß des Quadrates und die zwei fehlenden Koten.

104. Zeichne in einer gegebenen Ebene ein regelmäßiges Sechseck, von dem der Riß einer Seite gegeben ist.

105. Bestimme den Winkel zweier windschiefer Geraden g und l.

106. Ein Dreieck ABC ist gegeben. Bestimme in diesem Dreieck
 a) den Punkt auf AB mit gleichen Abständen von den Ecken B und C,
 b) einen Punkt auf AB mit gleichen Abständen von den Seiten AC und BC,
 c) den Höhenschnittpunkt,
 d) den Um- und den Inkreismittelpunkt.

107. Von einem Dreieck ABC sind die Ecken A und B sowie der Höhenschnittpunkt H gegeben. Konstruiere das Dreieck und bestimme die Kote von C.

108. Konstruiere ein Quadrat $ABCD$, von dem die Seite AB gegeben ist und C vorgeschriebene Kote hat.

109. Von einem gleichseitigen Dreieck ABC sind die Ecken A und B bekannt, während C in einer gegebenen Ebene liegen soll. Bestimme C.

110. Gegeben sind ein Punkt P und eine seiner Umklappungen P°. Suche die Umklappungsachse in der Rißebene.

111. Von einem Punkte kennt man die Kote und seine Umklappung um eine in der Rißebene gegebene Achse. Suche den Riß des Punktes.

112. Ein Punkt ist bestimmt durch seinen Riß, eine seiner Umklappungen und den Neigungswinkel des Drehradius. Suche die Umklappungsachse.

113. Der kürzere Schenkel eines Trapezes der Rißebene ist der Riß und der längere die Umklappung einer Seite eines regelmäßigen Sechsecks. Suche dessen Riß und die Koten seiner Ecken.

114. Von zwei parallelen Geraden kennt man die Risse a', b' und die Umklappungen a°, b° in der Rißebene. Suche die Spur und den Neigungswinkel der Ebene (a,b).

115. Von zwei sich schneidenden Geraden kennt man die Risse, die Spurpunkte und den Schnittwinkel. Suche die Neigungswinkel der Geraden und der von ihnen aufgespannten Ebene.

116. Von einem rechtwinkligen Dreieck kennt man den Riß und die Spur seiner Ebene. Suche die Koten seiner Ecken.

117. Gegeben sind der Riß $A'B'C'$ eines Dreiecks und eine Hauptgerade seiner Ebene. Bestimme die Koten der Ecken und die wahre Gestalt des Dreiecks, wenn vom Dreieck noch
   a) die Seite c,
   b) der Winkel γ,
   c) die Höhe h_c gegeben ist, oder
   d) wenn das Dreieck gleichschenklig ist mit der Basis AB.

118. Von einem Rechteck sind der Riß und eine Hauptgerade seiner Ebene gegeben. Suche die wahre Gestalt der Figur und die Koten ihrer Ecken.

119. Von einem gleichschenkligen Dreieck sind die Risse $A'B'$ und U' der Basis und des Umkreismittelpunktes sowie die Spur s seiner Ebene gegeben. Suche die wahre Gestalt des Dreiecks und die Koten seiner Ecken.

†120. Von einem Dreieck ABC sind der Riß und eine Hauptgerade seiner Ebene gegeben. Bestimme die wahre Gestalt des Dreiecks, wenn $a:b = 4:5$ sein soll. (Anleitung: Betrachte die Winkelhalbierenden des Winkels bei C.)

23. Schnittwinkel

121. Bestimme den Schnittwinkel zweier Ebenen, welche gegeben sind durch
   a) ihre Spuren und ihre Schnittgerade,
   b) ihre Schnittgerade und je einen Punkt,
   c) je eine Fallgerade,
   d) je drei Punkte.

122. Konstruiere den Schnittwinkel einer allgemeinen mit einer projizierenden Ebene.

†123. Von zwei Ebenen kennt man die Spuren, den Riß ihrer Schnittgeraden und ihren Schnittwinkel. Bestimme die Nei-

gungswinkel der Ebenen und der Schnittgeraden (vgl. auch Nr. 97).

124. Gegeben sind eine Ebene α und in ihr eine Gerade g. Lege durch g die Ebenen, die mit α einen vorgeschriebenen Winkel einschließen.

125. Suche den Winkel, unter dem eine Gerade eine Ebene schneidet. Beachte die Spezialfälle:
a) die Gerade ist eine Hauptgerade,
b) die Ebene ist projizierend.

Einige weitere metrische Aufgaben

126. Ein schiefes dreiseitiges Prisma ist gegeben durch seine Grundfläche in der Rißebene und die Richtung der Kanten. Bestimme die wahre Gestalt eines Normalschnittes.

127. Lege durch eine gegebene Gerade eine Ebene mit vorgeschriebenem Neigungswinkel.

128. Gegeben sind eine Gerade g und ein Punkt P. Drehe P um g
a) um den Winkel 60°,
b) bis der Punkt in die Rißebene zu liegen kommt,
c) bis der Punkt in einer gegebenen Ebene liegt,
und zeichne die neue Lage des Punktes.

129. Gegeben sind eine Ebene α und auf der gleichen Seite von α zwei Punkte A und B. Fasse α als Spiegel auf und konstruiere den Weg eines Lichtstrahls, der von A ausgeht und nach Reflexion an α durch B geht.

130. Eine Gerade g und ein Punkt P sind gegeben. Konstruiere
a) einen Punkt auf g mit vorgeschriebenem Abstand von P,
b) eine Gerade durch P, welche g unter vorgeschriebenem Winkel schneidet.

131. Zerlege eine gegebene Kraft in ihre Komponenten parallel und normal zu einer gegebenen Geraden.

†132. In der Rißebene sind ein Punkt P, der Riß und der Spurpunkt einer Geraden g gegeben. Bestimme den Neigungswinkel von g, so daß g von P vorgeschriebenen Abstand hat. Versuche, die Aufgabe für einen allgemeinen Punkt P zu lösen.

†133. Gegeben sind zwei Punkte A und B in der Rißebene und eine allgemeine Gerade g. Suche auf g einen Punkt X, so daß der Streckenzug AXB möglichst kurz wird.

†134. Gegeben sind eine Gerade g und ein Punkt P. Bestimme in der Rißebene einen Punkt X, so daß die Gerade PX und die Ebene (g,X) normal aufeinanderstehen. (Löse die Aufgabe zuerst für den Spezialfall, wo P in der Rißebene liegt.)

25.–28. Affinität

Bemerkung: «Affin» heißt stets perspektivaffin; alle Aufgaben sind planimetrisch zu lösen.

135. Zeichne zum Vieleck $ABCD\ldots$ bei gegebener Achse ein affines, wenn der entsprechende Punkt A_1 von A vorgeschrieben ist.

136. In einer Affinität sind zwei Paare entsprechender Geraden p, p_1 und q, q_1 gegeben. Bestimme Achse und Richtung der Affinität, wenn
a) die Geraden allgemein liegen.
b) p zu p_1 parallel ist,
c) p zu q_1 und q zu p_1 parallel sind.
Untersuche auch den Fall:
d) alle vier Geraden sind parallel.

137. In einer Affinität sind ein Paar entsprechender Punkte P, P_1 und ein Paar entsprechender Geraden g, g_1 gegeben. Bestimme die Affinität.

138. Bestimme eine Affinität, welche die Gerade g in die Gerade g_1 überführt, den Punkt P fest läßt und ein gegebenes Affinitätsverhältnis hat.

139. Zeichne zu einem Dreieck bei gegebener Achse ein affines, von dem der Schwerpunkt gegeben ist.

140. Zeichne bei gegebener Achse zu einem Rechteck ein affines Parallelogramm, von dem die Höhen gegeben sind.

141. Zeichne zu einem Dreieck $A_1B_1C_1$ bei gegebener Achse ein affines ABC, von dem man die Höhen h_a und h_b kennt.

142. Zeichne bei gegebener Achse zu einem regelmäßigen Sechseck ein affines, wenn man die Affinitätsrichtung und das Affinitätsverhältnis kennt.

143. Zeichne zu einem Trapez bei gegebener Achse ein affines, flächengleiches Trapez von gegebener Höhe.

144. Zeichne bei gegebener Achse zu einem Dreieck $A_1B_1C_1$ ein affines, flächengleiches mit vorgeschriebener Seitenhalbierenden s_a.

145. Zeichne bei gegebener Achse zu einem Trapez ein affines mit gleicher Fläche, dessen Mittellinie die Länge m hat.

146. Zeichne zu einem Dreieck $A_1B_1C_1$ bei gegebener Achse ein affines von doppelter Fläche und mit der gegebenen Höhe h_c.

147. Zeichne zu einem Dreieck bei gegebener Achse ein affines, gleichschenkliges Dreieck mit halber Fläche.

148. Zeichne zu einem Dreieck bei gegebener Achse ein normal affines mit vorgeschriebener Fläche.

149. Zeichne bei gegebener Achse zu einem Trapez ein affines, gleichschenkliges Trapez mit vorgeschriebener Höhe.

150. Zeichne bei gegebener Achse zu einem Parallelogramm ein affines Quadrat.

151. Zeichne bei gegebener Achse zu einem Parallelogramm ein affines Rechteck,
   a) dessen Seiten sich verhalten wie $1:2$,
   b) dessen Fläche drei Viertel der Parallelogrammfläche ist.

152. Zeichne bei gegebener Achse zum Dreieck $A_1B_1C_1$ ein affines ABC, so daß die Höhe auf AB die Länge h_c hat und AB innen im Verhältnis $1:3$ teilt.

153. Zeichne zu einem Dreieck bei gegebener Achse ein affines, gleichseitiges Dreieck.

†154. Zeichne bei gegebener Achse zu einem Dreieck $A_1B_1C_1$, in dessen Innern der Punkt D_1 liegt, ein affines, so daß der Punkt, welcher D_1 entspricht,
   a) der Inkreismittelpunkt,
   b) der Umkreismittelpunkt,
   c) der Höhenschnittpunkt von ABC ist.

†155. Suche zu einem Dreieck bei gegebener Achse ein affines, so daß es einem gegebenen Dreieck $A_0B_0C_0$ ähnlich ist.

156. Eine Affinität ist gegeben durch die Achse und zwei entsprechende Punkte A und A_1. Suche einen rechten Winkel mit dem Scheitel A, welchem wieder ein rechter Winkel mit dem Scheitel A_1 entspricht.

157. Zeichne zu einer Strecke A_1B_1 bei gegebener Achse eine affine Strecke AB von vorgeschriebener Länge s. Zeige, daß die Punkte A bzw. B der unendlich vielen Lösungen auf zwei Kreisen liegen, deren gemeinsamer Mittelpunkt der Schnittpunkt der Achse mit A_1B_1 ist.

158. Zeichne zu einem Parallelogramm ein affines Rechteck mit vorgeschriebener Länge der Diagonalen, wenn die Affinitätsachse gegeben ist.

159. Zeichne zu einem Parallelogramm bei gegebener Achse einen affinen Rhombus, von dem die Seite oder eine Diagonale gegeben ist.

160. Gegeben ist ein Quadrat. Zeichne dazu bei gegebener Achse ein affines Parallelogramm, von dem man die Diagonalen oder die Seiten kennt.

161. Zeichne zum Dreieck $A_1B_1C_1$ bei gegebener Achse ein affines ABC, von dem man die Seitenhalbierenden s_a und s_b kennt.

162. Zeichne bei gegebener Achse zu einem Dreieck ein affines, von dem man eine Seite und den gegenüberliegenden Winkel kennt.

†163. Zusammensetzung von Affinitäten. Durch eine erste Affinität gehe eine Figur $A, B, C \ldots$ in die Figur $A_1, B_1, C_1 \ldots$ über, durch eine zweite Affinität die Figur $A_1, B_1, C_1 \ldots$ in die Figur $A_2, B_2, C_2 \ldots$ Beweise, daß die Figuren $A, B, C \ldots$ und $A_2, B_2, C_2 \ldots$ wieder perspektivaffin sind, wenn die beiden Affinitäten
a) die gleiche Achse oder
b) die gleiche Affinitätsrichtung haben.
Drücke das Affinitätsverhältnis der neuen Affinität durch die Verhältnisse der gegebenen Affinitäten aus. Untersuche im

Fall b) die gegenseitige Lage der drei Affinitätsachsen (vgl. auch Leitfaden Satz 30).

†164. Setze gemäß Aufgabe 66 zwei schiefe Symmetrien mit gemeinsamer Achse oder derselben Symmetrierichtung zusammen.

†165. Unterwirf die gleiche Figur einer Affinität und einer Translation parallel zur Richtung der Affinität. Untersuche den Zusammenhang zwischen den beiden entstehenden Figuren.

†166. Deute im Sinne der Aufgabe 163 die Zusammensetzung zweier Translationen.

§ 3. Darstellung des Kreises

29.–30. Die Ellipse als Normalriß des Kreises

167. Gegeben ist ein Dreieck ABC. Stelle seinen Um- und seinen Inkreis dar.

168. Die Punkte A, B, C bestimmen eine Ebene. Stelle die folgenden in dieser Ebene liegenden Kreise dar:
 a) Kreis durch A, welcher BC in C berührt,
 b) Kreis mit dem Mittelpunkt auf BC, welcher AB und AC berührt,
 c) Kreis, welcher AB in B berührt und AC als Tangente hat.

169. Konstruiere den Riß eines Kreises vom Radius r, der durch einen gegebenen Punkt P geht und eine gegebene Gerade g berührt.

170. Die gegebene Gerade a ist die Achse eines Kreises, welcher die Rißebene berührt und den gegebenen Radius r hat. Stelle den Kreis dar. (Kreisachse = Normale zur Kreisebene im Mittelpunkt)

171. Stelle die Bahn des Punktes P der Aufgabe 128 dar.

172. Stelle einen Kreis dar, von dem der Mittelpunkt M und die Achse a gegeben sind, wenn er
 a) eine gegebene Gerade schneidet,
 b) die Rißebene berührt.

173. Gegeben sind ein Punkt M und zwei windschiefe Gerade a und b. Stelle einen Kreis mit dem Mittelpunkt M und ge-

gebenem Radius r dar, welcher a und b je in einem Punkte schneidet.

174. Gegeben sind eine allgemeine Gerade t und in der Rißebene ein Punkt P. Konstruiere einen Kreis mit t als Tangente, welcher die Rißebene in P berührt.
$t = A(0|0|0)\ B(6|0|10);\ P(4|3|0)$.

175. Gegeben sind ein allgemeiner Punkt M und ein in der Rißebene liegender Kreis k. Stelle einen zweiten Kreis mit dem Mittelpunkt M dar, welcher k berührt.

176. Eine allgemeine Gerade t und ein Kreis k in der Rißebene sind gegeben. Stelle einen zweiten Kreis dar, welcher k und t berührt.

177. Gegeben sind eine Gerade g in der Rißebene und zwei allgemeine Punkte A und B. Konstruiere einen durch A und B gehenden Kreis, welcher die Rißebene in einem Punkt von g berührt. $g = y$-Achse; $A(5|0|3)$, $B(2|4|6)$.

†178. Stelle einen Kreis dar, welcher zwei gegebene Kreise k_1 und k_2 berührt. k_1 liege in der Rißebene, k_2 sei durch seine Ebene, seinen Mittelpunkt und seinen Radius gegeben.
k_1: $M_1(0|0|0)$, $r_1 = 3$;
k_2: Ebene $A(6|0|0)\ B(0|4|0)\ M_2(-4|2|4)$, $r_2 = 4$.

31.–32. Normale Affinität zwischen Kreis und Ellipse

Bemerkung: Die Aufgaben 179 bis 188 sind planimetrisch zu lösen.

179. Eine Ellipse ist gegeben durch eine Achse AB und einen Punkt P. Suche die Tangente in P. Wie muß P liegen, daß die Strecke AB die große, wie, daß sie die kleine Achse der Ellipse ist? Welche Wahl von P ergibt keine Lösung?

180. Von einer Ellipse kennt man eine Achse AB und eine Tangente t. Suche den Berührungspunkt von t und die andere Achse. Wie muß t liegen, daß AB die große, wie, daß sie die kleine Achse der Ellipse ist? Welche Annahme von t ergibt keine Lösung?

181. Lege an eine Ellipse, die durch ihre Achsen gegeben ist, die Tangenten
    a) die durch einen Punkt S der kleinen Achse gehen,
    b) die durch einen Punkt T der großen Achse gehen,
    c) die zu einer Geraden g parallel sind,
    d) die zu einer Geraden g normal sind.

182. Schneide eine Gerade mit einer Ellipse, die durch eine Achse und einen Punkt gegeben ist, wenn die Gerade
    a) allgemeine Lage hat,
    b) durch den gegebenen Punkt geht,
    c) zur Achse parallel oder normal ist,
    d) ein Ellipsendurchmesser ist. Bestimme in diesem Fall den dazu konjugierten Durchmesser.

183. Eine Ellipse ist gegeben durch eine Achse und eine Tangente. Schneide die Kurve mit einer gegebenen Geraden.

184. Von einer Ellipse kennt man den Mittelpunkt, die Richtungen der Achsen und
    a) eine Tangente mit Berührungspunkt,
    b) zwei Punkte,
    †c) zwei Tangenten.
    Bestimme die Scheitel.

185. Von einer Ellipse sind der Mittelpunkt, die Richtungen der Achsen und das Achsenverhältnis $a:b$ gegeben. Bestimme die Längen der Achsen, wenn noch
    a) ein Punkt,
    b) eine Tangente gegeben ist.

186. Schreibe einer durch ihre Achsen gegebenen Ellipse ein Quadrat um und ein anderes ein.

187. Schreibe einem gegebenen Quadrat eine Ellipse ein oder um, wenn das Verhältnis der Ellipsenachsen vorgeschrieben ist.

†188. Von einer Ellipse sind ein Scheitel samt Tangente und ein weiterer Punkt mit Tangente gegeben. Konstruiere die Achsen. (Anleitung: Suche zuerst den Mittelpunkt der Ellipse.)

†189. $A'B'C'D'$ sind die Endpunkte zweier konjugierter Durchmesser einer Ellipse, welche Riß eines Kreises ist und dessen

Punkt C in der Rißebene liegt. Suche die Koten der drei andern Punkte.

†190. Bestimme die Ebene eines Quadrates aus dessen Riß und der Kote des Mittelpunktes.

†191. Von einem gleichseitigen Dreieck ist der Riß $A'B'C'$ als allgemeines Dreieck gegeben. Die Kote von A ist bekannt; bestimme diejenigen von B und C.

33.–34. Schiefe Affinität zwischen Kreis und Ellipse

Bemerkung: Alle Aufgaben dieses Abschnitts sind planimetrisch zu lösen.

192. Zeichne die schiefsymmetrische Figur eines Kreises.

193. Gegeben sind vier Gerade p, q, r, s, die sich in einem Punkte M schneiden. Suche die Achsen einer Ellipse, von der ein Paar konjugierter Durchmesser auf p und q und ein weiteres Paar auf r und s liegen, wenn die Ellipse
   a) eine fünfte Gerade t berührt oder
   b) durch einen Punkt P geht.
   Wie müssen die Geraden liegen, damit die Aufgabe lösbar ist?

194. Bestimme die Achsen einer Ellipse, welche gegeben ist durch den Mittelpunkt, einen Punkt mit Tangente und
   a) einen weiteren Punkt,
   b) eine weitere Tangente.

195. Von einer Ellipse kennt man den Durchmesser AB, den Punkt C und die Tangente t in C. Konstruiere
   a) die Tangente in A,
   b) die zu BC parallelen Tangenten.
   Beachte, daß a) ohne Affinität gelöst werden kann.

196. Suche die Achsen einer Ellipse, von der ein Durchmesser AB und
   a) zwei Punkte P und Q oder
   b) zwei Tangenten u und v gegeben sind.

197. Eine Ellipse ist durch zwei konjugierte Durchmesser gegeben.
   a) Schneide sie mit einer gegebenen Geraden.
   b) Lege die Tangenten durch einen gegebenen Punkt.

198. Bestimme die Achsen einer Ellipse aus dem Mittelpunkt, den Richtungen zweier konjugierter Durchmesser und
   a) zwei Punkten,
   b) einem Punkt mit Tangente,
   c) zwei Tangenten.

199. Von einer Ellipse sind zwei parallele Tangenten t_1 und t_2 gegeben, ferner
   a) drei Punkte,
   b) der Berührungspunkt von t_1 und zwei weitere Punkte,
   c) zwei Punkte und die Tangente in einem dieser Punkte,
   d) zwei Tangenten und der Berührungspunkt der einen,
   e) zwei Punkte und eine Tangente.
   Konstruiere die Achsen der Ellipsen und ihre Berührungspunkte mit t_1 und t_2.

200. Schreibe einem Dreieck eine Ellipse ein, welche die Seiten in den Mitten berührt, und bestimme ihre Achsen.

†201. Gegeben sind ein Dreieck ABC und in seinem Innern ein Punkt D. Schreibe dem Dreieck eine Ellipse ein oder um, deren Mittelpunkt in D liegt (beachte auch Nr. 154).

202. Im Innern eines Rechtecks ist ein Punkt P gegeben. Schreibe dem Rechteck eine durch P gehende Ellipse ein.

†203. Bilde eine Ellipse k affin ab, wobei die Achse s der Affinität eine Sekante von k ist, während die Richtung parallel zu s ist (Scherung). Die neue Ellipse heiße k_1. Verschiebe s parallel, bis sie zur Tangente in einem Punkte A von k wird. Verfolge dabei die Schnittpunkte von k_1 und k. Leite daraus ab, daß im Grenzfall k und k_1 in A gleiche Krümmung haben. Durch geeignete Wahl der Scherung kann erreicht werden, daß k_1 in A einen Scheitel hat. Suche nun eine Konstruktion des Krümmungskreises in einem allgemeinen Punkt einer Ellipse.

†204. AB und CD sind zwei konjugierte Durchmesser einer Ellipse, ihre Längen seien $2a_1$ und $2b_1$, der Zwischenwinkel sei α. Berechne gemäß Aufgabe 203 den Krümmungsradius der Ellipse im Punkte A.

†205. Zwei Ellipsen sind gegeben durch einen gemeinsamen Durchmesser AB und je einen Punkt mit Tangente. Suche die ge-

meinsamen Tangenten der beiden Kurven (benütze Aufgabe Nr. 163).

†206. Gegeben sind:
1) eine Ellipse durch zwei parallele Tangenten a, b mit den Berührungspunkten A, B und einen weiteren Punkt P,
2) ein Kreis, welcher a und b berührt.

Schneide die beiden Kurven.

§ 5. Darstellung der Kugel

39.–40.

207. Der Riß des Dreiecks ABC ist ein gleichseitiges Dreieck mit der Seite 8, die Koten seiner Ecken sind 1, 7, 9. Der Umkreis dieses Dreiecks ist ein Großkreis einer Kugel. Stelle die Kugel, den Großkreis und seine Pole dar.

208. Fasse $A(5|0|7)\,B(-5|0|13)$ als Achse einer Kugel auf. Lege durch den tiefsten Punkt der Kugel den Parallelkreis und den Meridian. Stelle die Kugel und die beiden Kreise dar, nachdem die Kugel um AB um einen Winkel von 60° gedreht worden ist.

209. $M(0|0|0)$ ist der Mittelpunkt und $N(4|0|3)$ der Nordpol einer Kugel. Stelle diese Kugel mit ihren Meridianen von $\pm 60°$ Länge und ihren Parallelkreisen von $\pm 45°$ Breite dar. Der Nullmeridian liege in der projizierenden Ebene von MN.

210. Stelle die kleinere der Kugeln dar, welche durch die Punkte A, B, C gehen und die Rißebene berühren. Lege durch je zwei der drei Punkte die Großkreise. Suche die wahren Größen der zwischen den Punkten liegenden Kreisbogen und der Winkel, welche diese Kreisbogen einschließen.
$A(0|0|3)$, $B(3|2|9)$, $C(4|-4|6)$

211. Zeichne eine Kugel mit dem Mittelpunkt in der Rißebene, wähle ihren höchsten Punkt als Nordpol und den Großkreis in einer beliebigen projizierenden Ebene als Nullmeridian. Bestimme auf dieser Kugel die Punkte A (75° westl. Länge, 30° nördl. Breite) und B (45° östl. Länge, 60° nördl. Breite).

Stelle die kürzeste Route dar, die auf der Kugel die Punkte A und B verbindet. Bestimme von dieser Route
a) die wahre Länge,
b) ihren Winkel zur Nordrichtung in A,
c) Länge und Breite ihres nördlichsten Punktes.

212. Stelle eine Kugel dar wie in Aufgabe 211.
Vom Punkte A ($0°|45°$ N) der Kugel fliegt man in nordwestlicher Richtung weg und folgt immer dem gleichen Großkreis. Bestimme den Punkt, in welchem man den Äquator zum erstenmal überquert und die wahre Länge des bis dort zurückgelegten Weges.

213. In der Rißebene liegen eine Ellipse und ein Kreis mit gemeinsamem Mittelpunkt; von der Ellipse sind noch die Achsen gegeben. Konstruiere die Schnittpunkte der beiden Kurven. Anleitung: Fasse die Ellipse als Riß eines Großkreises und den Kreis als Riß eines Kleinkreises derselben Kugel auf.

†214. In der Rißebene liegen zwei Ellipsen mit demselben Mittelpunkt, von denen noch die Achsen gegeben sind. Schneide die beiden Kurven. Anleitung: Forme beide Ellipsen so affin um, daß die eine zu einem Kreise wird. Verfahre dann wie in Aufgabe 213.

§ 6. Das Dreikant

41.–48.

215. Konstruiere ein Dreikant, von dem die drei Seiten a, b, c gegeben sind. Bestimme die Winkel.
 a) $a=\ 75°, b=\ 60°, c=\ 45°$ ($\alpha \sim\ 99°, \beta \sim\ 62°, \gamma \sim\ 46°$)
 b) $a=\ 60°, b=\ 90°, c=120°$ ($\alpha \sim\ 55°, \beta \sim\ 71°, \gamma \sim 125°$)
 c) $a=\ 90°, b=\ 90°, c=120°$ ($\alpha =\ 90°, \beta =\ 90°, \gamma = 120°$)
 d) $a=120°, b=105°, c=\ 75°$ ($\alpha \sim 118°, \beta \sim\ 99°, \gamma \sim\ 81°$)
 e) $a=105°, b=120°, c=108°$ ($\alpha \sim 120°, \beta \sim 129°, \gamma \sim 122°$)

216. Konstruiere ein Dreikant aus zwei Seiten a, b und dem von ihnen eingeschlossenen Winkel γ und bestimme die fehlenden Stücke.
 a) $a=\ 60°, b=\ 75°, \gamma=\ 45°$ ($c \sim\ 44°, \alpha \sim 62°, \beta \sim 100°$)

b) $a= 30°, b= 45°, \gamma = 120°$ ($c \sim 64°, \alpha \sim 29°, \beta \sim 43°$)
c) $a=105°, b=120°, \gamma= 75°$ ($c \sim 70°, \alpha \sim 96°, \beta \sim 117°$)
d) $a= 45°, b=135°, \gamma=120°$ ($c \sim 139°, \alpha \sim 68°, \beta \sim 112°$)

217. Konstruiere ein Dreikant aus zwei Winkeln α, β und der zwischen ihnen liegenden Seite c.
   a) $\alpha = 45°, \beta = 60°, c = 90°$ ($a \sim 49°, b \sim 68°, \gamma \sim 111°$)
   b) $\alpha = 105°, \beta = 60°, c = 45°$ ($a \sim 80°, b \sim 62°, \gamma \sim 44°$)
   c) $\alpha = 105°, \beta = 120°, c = 135°$ ($a \sim 80°, b \sim 118°, \gamma \sim 136°$)

218. Konstruiere ein Dreikant aus zwei Seiten a, b und dem Winkel α, welcher der einen gegenüberliegt.
   a) $a = 60°, b = 30°, \alpha = 45°$ ($\beta \sim 24°, \gamma \sim 127°, c \sim 80°$)
   b) $a = 105°, b = 60°, \alpha = 120°$ ($\beta \sim 51°, \gamma \sim 59°, c \sim 72°$)
   c) $a = 45°, b = 75°, \alpha = 30°$ ($\beta_1 \sim 137°, \gamma_1 \sim 25°, c_1 \sim 37°$
   $\beta_2 \sim 43°, \gamma_2 \sim 138°, c_2 \sim 109°$)
   d) $a = 30°, b = 135°, \alpha = 45°$ ($\beta = 90°, \gamma \sim 125°, c \sim 145°$)
   e) $a = 120°, b = 75°, \alpha = 135°$ ($\beta_1 \sim 52°, \gamma_1 \sim 47°, c_1 \sim 64°$
   $\beta_2 \sim 128°, \gamma_2 \sim 162°, c_2 \sim 158°$)
   f) $a = 30°, b = 135°, \alpha = 60°$

219. Konstruiere ein Dreikant aus zwei Winkeln α, β und der Seite a, welche dem einen gegenüberliegt.
   a) $\alpha = 60°, \beta = 45°, a = 75°$ ($b \sim 52°, c \sim 102°, \gamma \sim 119°$)
   b) $\alpha = 105°, \beta = 60°, a = 135°$ ($b \sim 39°, c \sim 141°, \gamma \sim 122°$)
   c) $\alpha = 150°, \beta = 45°, a = 135°$ ($b \sim 90°, c \sim 55°, \gamma \sim 35°$)
   d) $\alpha = 60°, \beta = 105°, a = 45°$ ($b_1 \sim 128°, c_1 \sim 133°, \gamma_1 \sim 116°$
   $b_2 \sim 52°, c_2 \sim 18°, \gamma_2 \sim 22°$)
   e) $\alpha = 135°, \beta = 105°, a = 150°$ ($b_1 \sim 137°, c_1 \sim 42°, \gamma_1 \sim 71°$
   $b_2 \sim 43°, c_2 \sim 155°, \gamma_2 \sim 143°$)
   f) $\alpha = 45°, \beta = 75°, a = 60°$

220. Konstruiere ein Dreikant aus seinen drei Winkeln α, β, γ.
   a) $\alpha = 75°, \beta = 75°, \gamma = 60°$ ($a = b \sim 62°, c \sim 53°$)
   b) $\alpha = 105°, \beta = 120°, \gamma = 72°$ ($a \sim 120°, b \sim 129°, c \sim 58°$)
   c) $\alpha = 120°, \beta = 105°, \gamma = 135°$ ($a \sim 118°, b \sim 81°, c \sim 134°$)

221. Gegeben sind zwei windschiefe Hauptgerade a, b und zwei Winkel α, β. Suche eine Gerade, welche a unter dem Winkel α und b unter dem Winkel β schneidet.

222. In der Rißebene sind zwei Gerade a und a_1 gegeben. Bestimme die Achse einer Drehung vom vorgeschriebenen Winkel φ, welche a in a_1 überführt.

†223. Gegeben sind zwei Drehungen durch ihre in der Rißebene liegenden Achsen a_1, a_2 und ihre Drehwinkel α_1, α_2. Die erste Drehung führe eine Figur F in eine neue Figur F_1 über, die zweite Drehung führe F_1 in F_2 über. Suche die Achse und den Winkel einer dritten Drehung, welche die Figur F direkt in die Figur F_2 überführt. (Anleitung: Ersetze jede Drehung durch zwei Plansymmetrien, deren Ebenen durch die Drehachse gehen.)

Zweiter Teil

Zugeordnete Normalrisse oder konjugierte Normalprojektionen

Wenn der Text der Aufgaben nichts anderes vorschreibt, gilt folgendes: Von einem gegebenen Punkt oder einer gegebenen Geraden sind Grund- und Aufriß anzunehmen. Eine gegebene Ebene soll durch Wahl zweier sich schneidender Geraden festgelegt werden; zur Vereinfachung können das zwei Hauptgerade sein. Wähle nur ausnahmsweise die Spuren. Soll in einer Aufgabe ein Raumelement gefunden werden, so sind die genannten Bestimmungsstücke anzugeben.

Die vorgeschriebenen Dispositionen beziehen sich auf folgende Wahl des Koordinatensystems: Nullpunkt in der Mitte des Blattes, x-Achse nach vorn, y-Achse nach rechts, z-Achse nach oben. Im Gegensatz zum Leitfaden ist die y-Achse die Rißachse.

Blattgröße A_4: Einheit $= 1$ cm
Blattgröße A_2: Einheit $= 2$ cm

Erster Abschnitt

Punkt, Gerade und Ebene

§ 8. Darstellung des Punktes

49.–53.

224. Zeichne die Risse eines Punktes im Abstand p von der Grundrißebene und im Abstand q von der Aufrißebene, wenn der Punkt
   a) im dritten Quadranten liegt, für $p = 2$ und $q = 3$,
   b) im zweiten Quadranten liegt, für $p = 3$ und $q = 4$,
   c) im vierten Quadranten liegt, für $p = 6$ und $q = 2$,
   d) im ersten Quadranten liegt, für $p = 1$ und $q = 12$.

225. Stelle folgende Punkte dar und vergegenwärtige dir ihre Lage im Raume.
   a) $A(3|1|6)$, $B(-2|3|3)$, $C(-4|4|-4)$, $D(4|5|-1)$, $E(0|6|2)$, $F(3|7|0)$, $G(0|8|0)$

b) $A(0|0|3)$, $B(6|0|-4)$, $C(-2|-3|-4)$, $D(-6|-5|7)$
c) $P(2|-6|1)$, $R(3|-2|-1)$, $S(0|0|-2)$
d) $U(3|1|0)$, $V(1|5|-2)$, $W(-2|6|-3)$, $X(5|8|3)$

226. Suche den Abstand der Punkte P und Q.
   a) $P(5|1|6)\ Q(6|5|-2)$ b) $P(-2|0|6)\ Q(6|1|4)$
   c) $P(5|9|5)\ Q(-3|1|3)$ d) $P(7|4|1)\ Q(4|4|-3)$
   e) $P(-7|0|2)\ Q(5|0|-3)$ f) $P(5|3|-5)\ Q(-2|3|2)$
   g) $P(4|-3|-2)\ Q(4|2|5)$

227. Suche den Abstand zweier Punkte, von welchen der eine in der Symmetrieebene, der andere in der Koinzidenzebene liegt.

228. Von einer Strecke AB kennt man den Grundriß $A'B'$ und den Aufriß von A. Bestimme den Aufriß von B, wenn die wahre Länge d der Strecke gegeben ist.

229. Von einer Strecke AB sind der Aufriß und die wahre Länge gegeben. Suche den Grundriß, wenn die Gerade AB die Rißachse schneiden soll.

230. $A'B'$ ist der Grundriß einer Strecke, von der auch die wahre Größe d bekannt ist. Suche den Aufriß, wenn die Summe der beiden ersten Tafelabstände gleich d sein soll (vgl. Nr. 21).

231. Von einem gleichschenkligen Dreieck ist die Seite AB gegeben, ebenso der Aufriß der dritten Ecke C. Suche ihren Grundriß, wenn BC die Basis ist.

232. AC sei eine Diagonale eines Rechtecks und B' der Grundriß des einen Endpunktes der andern Diagonale. Stelle das Rechteck dar.

233. g sei eine Gerade und P ein Punkt auf ihr. Trage auf g von P aus die gegebene Strecke s nach beiden Seiten ab.

234. Suche auf der Geraden AB den Punkt T mit dem Teilverhältnis $\lambda = AT : BT$.
   a) $A(8|2|1)\ B(5|8|7)$, $\lambda = -\frac{2}{3}$
   b) $A(2|-2|-9)\ B(7|8|6)$, $\lambda = \frac{2}{7}$
   c) $A(3|7|2)\ B(7|-5|-6)$, $\lambda = -3$
   d) $A(7|3|-4)\ B(-2|3|8)$, $\lambda = \frac{5}{2}$

235. Suche die Punkte der Rißachse, welche vom gegebenen Punkt P den vorgeschriebenen Abstand d haben.

236. Gegeben sind zwei Punkte A und B. Bestimme die Punkte der Aufrißebene, welche von A den Abstand a und von B den Abstand b haben.

§ 9. Die Seitenrißebene
54.

237. Suche die drei Risse der Punkte $A(5|3|2)$, $B(-2|5|-4)$, $C(-6|-2|4)$, $D(5|7|-3)$, $E(-5|-4|-8)$.

238. Suche den Seitenriß des Tetraeders $R(-3|4|-7)$ $S(4|-2|-2)$ $T(-5|-4|4)$ $U(6|6|4)$.

239. Bestimme das Spiegelbild
   a) des Punktes $A(4|2|6)$ bezüglich der Grundrißebene,
   b) der Strecke $H(2|4|6)\,J(7|6|-3)$ bezüglich der Symmetrieebene,
   c) des Dreiecks $P(3|5|7)$ $Q(7|8|0)$ $R(-6|10|6)$ bezüglich der Koinzidenzebene.

§. 10. Darstellung der Geraden
55.–59.

240. Bestimme den Abstand der Spurpunkte einer gegebenen Geraden.

241. Bestimme die Seitenrisse zweier Geraden a und b, wenn $a' = b''$ und $a'' = b'$ ist.

242. In welchen Quadranten verläuft die Gerade AB?
   a) $A(2|0|7)$ $B(6|5|1)$ b) $A(-2|2|-1)$ $B(2|0|-2)$
   c) $A(3|2|-3)$ $B(-6|5|-6)$ d) $A(-6|2|-4)$ $B(2|2|-2)$
   e) $A(3|1|4)$ $B(6|3|8)$

243. Man kennt einen Punkt P im dritten Quadranten und den Grundriß g' einer durch P gehenden Geraden. Suche den Aufriß der Geraden g, so daß sie den ersten Quadranten meidet, und gib die Grenzlagen der Aufrisse an.

244. g'' ist der Aufriß einer Geraden und P' der Grundriß eines Punktes von g. Suche g', wenn

a) der erste Spurpunkt,
b) der zweite Spurpunkt

von der Rißachse den vorgeschriebenen Abstand d hat.

245. Untersuche, ob der Punkt P auf der Geraden AB liegt.
   a) $A(6|0|-3)$ $B(-3|9|9)$; $P(3|3|1)$
   b) $A(5|2|-3)$ $B(-1|8|9)$; $P(-1|4|-3)$
   c) $A(4|4|4)$ $B(7|4|1)$; $P(2|1|7)$

246. Bestimme auf der Geraden RS einen Punkt mit der Abszisse x.
   a) $R(2|1|5)$ $S(5|5|2)$, $x = 4$
   b) $R(4|0|7)$ $S(-1|5|7)$, $x = -3$
   c) $R(8|3|1)$ $S(2|3|5)$, $x = 4$

247. Suche auf einer gegebenen Geraden einen Punkt, dessen zwei erste Tafelabstände
   a) die gegebene Summe s,
   b) die gegebene Differenz d oder
   c) das Verhältnis $2:5$ haben.

248. Bestimme auf einer durch zwei Punkte gegebenen dritten Hauptgeraden die Punkte,
   a) welche von der Rißachse den gegebenen Abstand r haben,
   b) deren zwei erste Tafelabstände sich wie $3:5$ verhalten,
   c) deren zwei erste Tafelabstände die gegebene Differenz d haben.

249. Suche den Abstand einer achsenparallelen Geraden
   a) von einem Punkte,
   b) von einer zweiten achsenparallelen Geraden.

250. Suche die drei Neigungswinkel der Geraden der Aufgabe 242.

251. Von einer Geraden kennt man den Grundriß, einen der drei Neigungswinkel und
   a) den ersten Spurpunkt,
   b) den zweiten Spurpunkt,
   c) den dritten Spurpunkt,
   d) einen allgemeinen Punkt.

   Konstruiere die fehlenden Risse. Löse die Aufgabe auch, wenn statt des Grundrisses der Aufriß oder der Seitenriß der Geraden gegeben ist.

252. Eine dritte Hauptgerade ist durch einen Punkt P und den ersten Neigungswinkel gegeben. Suche die Abstände des Punktes P von den beiden Spurpunkten.

253. Bestimme die Neigungswinkel einer Geraden, deren Risse zusammenfallen oder mit der Rißachse gleiche Winkel einschließen.

254. Untersuche die gegenseitige Lage der Geraden AB und CD.
    a) $A(4|-6|3)$ $B(6|0|7)$; $C(3|7|3)$ $D(9|1|12)$
    b) $A(2|3|6)$ $B(-4|7|8)$; $C(-1|-3|3)$ $D(7|5|7)$
    c) $A(0|-3|8)$ $B(4|5|0)$; $C(-3|-3|-1)$ $D(2|7|9)$
    d) $A(5|2|3)$ $B(1|8|2)$; $C(7|3|1)$ $D(3|9|0)$
    e) $A(4|5|2)$ $B(5|5|1)$; $C(2|5|3)$ $D(5|5|7)$
    f) $A(5|2|3)$ $B(1|2|9)$; $C(4|2|1)$ $D(2|2|4)$
    g) $A(5|3|1)$ $B(2|3|3)$; $C(1|1|2)$ $D(3|1|5)$
    h) $A(4|4|1)$ $B(2|4|5)$; $C(3|-2|1)$ $D(0|7|10)$

255. Gegeben sind eine Gerade g und der Grundriß einer sie schneidenden Strecke AB. Suche den Aufriß der Strecke, wenn man von ihr
    a) die wahre Größe,
    b) den ersten oder
    c) den zweiten Neigungswinkel kennt.

256. Lege durch einen Punkt P die erste, die zweite und die dritte Hauptgerade, welche eine gegebene Gerade g schneidet, und suche ihre Spurpunkte.

257. Eine zweite Hauptgerade soll bestimmt werden, welche zwei Gerade p und q schneidet und von der Aufrißebene den Abstand d hat.

258. Lege durch einen Punkt P eine Gerade, die eine gegebene Gerade schneidet und deren Grundriß mit der Rißachse einen Winkel von 30° bildet.

259. Eine Parallele a zur Rißachse und eine Gerade g sind gegeben. Suche eine erste Hauptgerade, die a in einem Punkte X und g in einem Punkte Y schneidet, so daß $XY = 4$ ist.
    a durch $A(2|0|4)$, $g = B(2|-4|10)$ $C(7|4|0)$

260. Eine Gerade g, eine erstprojizierende Gerade p und ein Punkt T sind gegeben. Lege durch T die Gerade, die g und p schneidet.

261. Gegeben sind eine Gerade g und ein Punkt P. Lege durch P die Parallele zu g und bestimme ihre Spurpunkte.

262. Von einer Geraden g kennt man den Aufriß und von einem Punkt P auf g den Grundriß. Suche g', wenn die Gerade
   a) zur Symmetrieebene oder
   b) zur Koinzidenzebene parallel ist.

263. Gegeben sind zwei Strecken AB und CD, welche auf dritten Hauptgeraden liegen. Welche Beziehungen bestehen zwischen $A'B'$ und $C''D''$ einerseits und zwischen $A''B''$ und $C'D'$ anderseits, wenn die Strecken gleiche Länge haben und zueinander normal stehen?

§ 11. Darstellung der Ebene
60.–63.

264. Konstruiere die Spuren der Ebene des Dreiecks ABC und untersuche, ob in Grund-, Auf- und Seitenriß gleiche oder verschiedene Seiten der Ebene sichtbar sind.
   a) $A(6|-2|3)\ B(2|3|3)\ C(2|0|7)$
   b) $A(4|-3|4)\ B(4|0|9)\ C(1|2|6)$
   c) $A(5|2|3)\ B(9|0|8)\ C(4|-4|5)$
   d) $A(6|4|5)\ B(-6|0|7)\ C(-4|-7|-1)$
   e) $A(-3|5|9)\ B(-2|-2|3)\ C(4|-2|6)$
   f) $A(2|6|7)\ B(4|0|3)\ C(5|-3|1)$

265. Suche die Spuren einer Ebene, welche gegeben ist durch zwei sich im Punkte P schneidende Gerade a und b, wenn
   a) P allgemeine Lage hat,
   b) P in einer Rißebene liegt,
   c) P auf der Rißachse liegt,
   d) a erste oder zweite Hauptgerade ist,
   e) a erste und b zweite Hauptgerade ist,
   f) a parallel zur Rißachse ist,
   g) $a' = b''$ und $a'' = b'$.

266. Suche die Spuren einer durch zwei parallele Gerade gegebenen Ebene, wenn die Geraden
   a) allgemein liegen,

b) erste oder zweite Hauptgerade sind,
c) parallel zur Rißachse sind.

267. Suche die Spuren einer Ebene, die durch einen Punkt P und eine Gerade g gegeben ist. Beachte die Spezialfälle:
a) g ist eine erste, zweite oder dritte Hauptgerade,
b) g schneidet die Rißachse,
c) g ist parallel zur Rißachse,
d) P liegt auf der Rißachse.

268. Suche den geometrischen Ort der Punkte, für welche
a) die Summe,
b) die Differenz oder
c) das Verhältnis der beiden Tafelabstände konstant ist.

269. Von einer Geraden einer Ebene kennt man den Aufriß. Suche den Grundriß, wenn die Ebene gegeben ist
a) durch zwei parallele Gerade,
b) durch eine Gerade und einen Punkt,
c) durch die Rißachse und einen Punkt.

270. Eine Ebene ist durch zwei sich im Punkte P schneidende Gerade gegeben. Bestimme in dieser Ebene
a) eine Gerade durch P, welche durch einen ihrer Risse gegeben ist,
b) die beiden Hauptgeraden durch P.

271. Bestimme in einer Ebene, die durch drei Punkte gegeben ist, Hauptgerade mit vorgeschriebenen Tafelabständen.

272. Von einer Ebene kennt man die erste Spur. Von einer Geraden g dieser Ebene sind der Grundriß und die Länge d ihrer im ersten Quadranten liegenden Strecke gegeben. Bestimme den Aufriß von g und die zweite Spur der Ebene.

273. Suche in einer gegebenen Ebene einen Punkt, der von den beiden Rißebenen vorgeschriebene Abstände hat.

274. Eine Ebene ist gegeben durch
a) zwei parallele Gerade,
b) einen Punkt und eine Gerade,
c) zwei Gerade, die sich in einem Punkt der Rißachse schneiden.
Bestimme in der Ebene einen Punkt, von dem der eine Riß vorgeschrieben ist.

§ 11. Darstellung der Ebene

275. Von einem ebenen Viereck kennt man drei Ecken und den Aufriß der vierten, ergänze den Grundriß.
276. Das Dreieck ABC liegt in einer Ebene, die durch die Rißachse geht und von der noch der Punkt P gegeben ist. Konstruiere den Aufriß des Dreiecks, wenn sein Grundriß bekannt ist, und untersuche den Zusammenhang zwischen beiden Rissen.
277. Von einem Dreieck ABC ist der Aufriß, die wahre Länge der Seite c und eine Gerade g seiner Ebene gegeben. Konstruiere den Grundriß des Dreiecks.
278. Lege durch einen Punkt P eine Ebene, die von drei gegebenen Punkten A, B und C gleiche Abstände hat. Wie viele Lösungen gibt es?
279. Lege durch einen Punkt P eine Ebene, deren Abstände von drei Punkten A, B und C sich verhalten wie $m:n:p = 7:3:5$.
280. Suche eine Ebene, deren Abstände von vier gegebenen Punkten sich verhalten wie $4:3:1:5$. Wie viele Lösungen gibt es?
281. Lege durch eine Gerade g eine Ebene, für welche g eine erste, eine zweite oder eine dritte Fallgerade ist.
282. Von einer Ebene kennt man die erste Spur und den ersten oder den zweiten Neigungswinkel. Suche die zweite Spur und den andern Neigungswinkel.
283. Suche die Neigungswinkel einer Ebene, die durch eine achsenparallele Gerade und einen Punkt gegeben ist. Welche Beziehung besteht zwischen den beiden Neigungswinkeln?
†284. Eine Ebene ist durch die erste und die zweite Spur gegeben. Suche die drei Neigungswinkel φ_1, φ_2 und φ_3. Weise die Beziehung $\cos^2 \varphi_1 + \cos^2 \varphi_2 + \cos^2 \varphi_3 = 1$ nach.
285. Lege durch die gegebene Gerade g eine Ebene, von welcher einer der drei Neigungswinkel gegeben ist.
286. Untersuche die beiden Neigungswinkel einer Ebene, deren Spuren mit der Rißachse gleiche Winkel einschließen.
287. Lege durch eine gegebene Gerade g die Ebenen, die mit zwei Rißebenen gleiche Winkel einschließen.
288. Lege durch einen gegebenen Punkt P die Ebenen, von denen zwei Neigungswinkel gleich $60°$ sind.

§ 12. Normalrisse und wahre Gestalt ebener Figuren

64.–66. Zugeordnete Normalrisse ebener Figuren

289. Schneide eine Ebene mit der Koinzidenzebene, wenn die Ebene gegeben ist durch
 a) drei Punkte,
 b) zwei sich schneidende Gerade,
 c) einen Punkt und eine Gerade,
 d) die Spuren.

290. Gegeben sind ein Punkt P und eine Gerade g. Lege durch P eine Parallele zur Koinzidenzebene, welche g schneidet.

291. Grund- und Aufriß eines Dreiecks ABC sind kongruente Dreiecke
 a) mit gleichen,
 b) mit verschiedenen Orientierungen.
 Untersuche die Lage der Ebene ABC.

292. Gegeben sind zwei Gerade a und b. Suche die Gerade der Koinzidenzebene, welche a und b schneidet.

293. Von einem ebenen Vieleck kennt man den Grundriß, den Schnittpunkt seiner Ebene mit der Rißachse und den Aufriß einer Seite. Zeichne den Aufriß des Vielecks.

294. Zwei parallele Gerade sind durch ihre Aufrisse, ihre Schnittpunkte mit der Koinzidenzebene und den Abstand ihrer Grundrisse gegeben. Suche die Grundrisse der Geraden.

295. Von einer Ellipse, welche die Aufrißebene berührt, kennt man den Mittelpunkt und die erste Spur ihrer Ebene. Zeichne den Aufriß, wenn der Grundriß ein Kreis ist.

296. M ist der Mittelpunkt und t eine Tangente einer Ellipse, deren Aufriß ein Kreis ist. Konstruiere den Grundriß.

297. Von einem Parallelogramm sind der rechteckige Grundriß und der Aufriß einer Ecke gegeben. Konstruiere den Aufriß, wenn er ein zum Grundriß flächengleiches Rechteck ist. Beachte, daß die Aufgabe im allgemeinen vier verschiedene Lösungen hat.

298. Unterwirf beide Risse einer Figur einer Translation in Richtung der Ordnungslinien mit der vorgeschriebenen Verschiebungsstrecke d. Welche Veränderung erfährt die räumliche Figur?

67. Das Umklappen einer ebenen Figur

Löse auch die Aufgaben Nr. 99, 102, 104, 120, 123 im Grund- und Aufrißverfahren.

299. Eine Ebene ist durch eine erste Fallgerade f_1 gegeben. Suche in der Ebene eine zweite Fallgerade f_2 und bestimme den Winkel, den sie mit f_1 einschließt.

300. Von einem Dreieck sind der Aufriß $A''B''C''$, der Grundriß von A und die zweite Spur seiner Ebene bekannt. Suche die wahre Gestalt des Dreiecks und seinen Grundriß.

301. Gegeben ist das Dreieck ABC. Suche seine wahre Größe durch Umklappen um eine Hauptgerade durch eine Ecke. Bestimme im Dreieck den Höhenschnittpunkt, den In- und den Umkreismittelpunkt.
   a) $A(2|-3|3)\ B(2|6|9)\ C(8|4|4)$
   b) $A(3|0|9)\ B(2|5|5)\ C(5|-2|7)$

302. Eine Ebene ist durch zwei Hauptgerade gegeben. Zeichne in dieser Ebene ein regelmäßiges Sechseck, von dem der eine Riß einer Seite vorgeschrieben ist.

303. In der Ebene der parallelen Geraden a und b ist ein Punkt P gegeben. Lege durch P eine Gerade, die a und b in Punkten mit dem vorgeschriebenen Abstand d schneidet.

304. In der Ebene des Dreiecks ABC liegt eine Gerade g. Bilde das Dreieck axialsymmetrisch an g ab. Wie äußert sich die Symmetrie in den Rissen?

305. Zwei Gerade schneiden sich auf der Rißachse. Suche ihren Winkel und ihre Winkelhalbierenden.

306. Bestimme auf der Geraden g die Punkte mit gegebenem Abstand r vom Punkte A.

307. Gegeben sind ein Punkt P und eine Gerade g. Lege durch P eine Gerade, welche g unter dem Winkel $60°$ schneidet.

308. Gegeben sind die Punkte A, B und P. Zeichne ein Dreieck mit einer Seite AB, von dem P
  a) der Höhenschnittpunkt,
  b) der Inkreismittelpunkt,
  c) ein Ankreismittelpunkt ist.

309. Von einer Ellipse, deren Grundriß ein Kreis ist, kennt man
  a) drei Punkte,
  b) den Mittelpunkt und eine Tangente.
  Suche den Aufriß und die wahre Gestalt der Ellipse.

†310. In der Ebene der zwei sich schneidenden Geraden a und b ist der Punkt P gegeben. Zeichne
  a) ein Quadrat mit dem Mittelpunkt P, einer Ecke auf a und einer benachbarten Ecke auf b;
  b) ein gleichseitiges Dreieck mit einer Ecke in P, einer Ecke auf a und der dritten Ecke auf b.

311. Gegeben sind die Geraden a und b, welche sich im Punkte C schneiden, sowie ein Punkt P in der Ebene dieser Geraden. Konstruiere ein Dreieck ABC mit vorgeschriebenem Umfang $2s$, so daß A auf b und B auf a liegt, während die Seite c durch P geht.

312. Gegeben sind zwei sich schneidende Gerade a, b und ein Punkt P. Bestimme in der Ebene der Geraden einen Punkt mit gleichen Abständen von a und b und möglichst kleinem Abstand von P.
  $a = S(7|0|5)\ A(7|-5|0)$; $b = SB(0|5|3)$; $P(10|10|5)$

313. Von einem Parallelogramm sind die Spuren seiner Ebene und die Umklappung um die zweite Spur gegeben. Suche seine Risse.

314. Von einem Dreieck ABC sind die Ecke A und die Umklappung $A°B°C°$ um die erste Spur gegeben. Bestimme die erste Spur und die Risse des Dreiecks.

315. Zwei parallele Gerade sind durch ihre Aufrisse, ihren wahren Abstand und die zweite Spur ihrer Ebene gegeben. Suche ihre Grundrisse.

316. Von zwei sich schneidenden Geraden kennt man die Aufrisse, ihren Schnittwinkel und eine zweite Hauptgerade ihrer Ebene. Suche die Grundrisse (vgl. Nr. 115).

317. Von einem gleichschenkligen Dreieck sind die Spitze A, die erste Hauptgerade seiner Ebene durch A und der Grundriß $B'C'$ der Basis gegeben. Suche den Aufriß des Dreiecks.

†318. Gegeben sind drei durch eine Gerade gehende erstprojizierende Ebenen α, β, ω und eine erste Hauptgerade h_1. Lege durch h_1 eine Ebene, so daß ihre Schnittgerade mit ω den Winkel ihrer Schnittgeraden mit α und β halbiert.

†319. Von einem Quadrat sind der Aufriß $A''B''C''D''$ und der Grundriß von A gegeben. Suche seinen Grundriß (vgl. Nr. 190).

†320. Gegeben sind ein Punkt P und der Aufriß eines Dreiecks. Suche den Grundriß und die wahre Gestalt des Dreiecks, wenn P
a) sein Höhenschnittpunkt,
b) sein Umkreismittelpunkt,
c) sein Inkreis- oder einer seiner Ankreismittelpunkte ist.

68. Zugeordnete Kreisprojektionen

321. Ein Kreis mit dem Mittelpunkt M und dem Radius r liegt in einer erstprojizierenden Ebene, von welcher noch der Punkt S gegeben ist. Suche den Aufriß des Kreises.
$M(5|0|4)$, $r = 3$; $S(0|4|0)$

322. Lege in eine zweitprojizierende Ebene mit dem ersten Neigungswinkel 60° einen Kreis von gegebenem Radius, der beide Spuren der Ebene berührt. Suche den Grundriß des Kreises.

323. Zeichne die Risse des Kreises, welcher durch die Punkte A, B und C geht. Bestimme den Kreisradius und die Achsen der Rißellipsen durch Konstruktion und Rechnung.
$A(3|-2|7)\ B(6|0|3)\ C(2|6|3)$

324. Stelle den Kreis mit dem Mittelpunkt $M\ (3|0|3)$ und der Tangente AB dar.
a) $A(8|1|0)\ B(0|7|7)$ b) $A(5|4|-5)\ B(-3|4|3)$

325. Konstruiere einen Kreis in der achsenparallelen Ebene durch die gegebene Gerade g, welcher g und die Spuren der Ebene berührt. Stelle ihn dar.

326. Stelle einen Kreis mit dem gegebenen Mittelpunkt M dar, welcher die Aufrißebene im gegebenen Punkte A berührt.

327. Ein Kreis berührt die Grundrißebene im Punkte A und die Aufrißebene in B. Stelle ihn dar.
$A(6|3|0)$, $B(0|0|4)$

328. Stelle einen Kreis mit dem Radius r dar, welcher durch die Punkte A und B geht und dessen Risse zueinander kongruent sind.
$A(4|0|3)$, $B(6|3|6)$; $r = 4$

329. Stelle einen Kreis mit dem Durchmesser AB dar, welcher die Grundrißebene berührt.
$A(2|3|2)$ $B(8|-5|5)$

330. Ein Kreis mit dem Durchmesser AB schneidet die Gerade g in einem Punkte. Stelle den Kreis dar.
$A(4|4|9)$ $B(8|-2|3)$, $g = P(12|0|4)$ $Q(0|8|1)$

†331. Zeichne einen Kreis vom Radius r, der die Aufrißebene in einem Punkte P berührt und durch einen Punkt Q geht. (Anleitung: Suche zuerst den Schnittpunkt der Kreistangenten in P und Q.)
$P(0|2|8)$, $Q(4|0|3)$, $r = 4$

332. Vergleiche die Risse von Kreisen, deren Ebenen parallel sind.

§ 13. Schnitte von Ebenen mit Ebenen und Geraden

69.–70. Schnittgerade zweier Ebenen

333. Schneide ein Dreieck ABC mit einem Parallelogramm $PQRS$, wenn die Ebene der einen Figur projizierend ist.
 a) $A(7|0|7)$ $B(4|4|3)$ $C(2|-3|1)$;
    $P(3|-1|3)$ $Q(9|-1|3)$ $R(7|3|6)$ $S(1|3|6)$
 b) $A(4|0|9)$ $B(3|2|6)$ $C(6|-4|2)$;
    $P(5|4|4)$ $Q(2|-2|8)$ $R(6|-6|5)$ $S(9|0|1)$

334. Suche die Schnittgerade zweier Ebenen α und β, welche gegeben sind
 a) je durch eine erste und eine zweite Hauptgerade,
 b) je durch zwei parallele oder sich schneidende Gerade,
 c) je durch einen Punkt und eine Gerade,
 d) α durch zwei erste, β durch zwei zweite Hauptgerade,
 e) α durch zwei zweite Hauptgerade, β durch drei Punkte.

§ 13. Schnitte von Ebenen mit Ebenen und Geraden

335. Bestimme die Schnittgerade zweier durch ihre Spuren gegebenen Ebenen, wenn
  a) die ersten Spuren parallel sind,
  b) alle Spuren durch denselben Punkt der Rißachse gehen,
  c) alle Spuren zur Rißachse parallel sind,
  d) die Spuren der einen Ebene zusammenfallen,
  e) die Spuren beider Ebenen je auf einer Geraden liegen.

336. Die Spuren s_1 und s_2 der Ebene α und die Spuren e_1 und e_2 der Ebene β haben die Eigenschaft, daß s_1 mit e_2, s_2 mit e_1 zusammenfällt. Untersuche die gegenseitige Lage der Ebenen und konstruiere ihre Schnittgerade.

337. Schneide eine durch drei Punkte gegebene Ebene mit einer Ebene, die durch die Rißachse und einen Punkt bestimmt ist.

338. Durchdringe zwei Dreiecke ABC und XYZ unter Berücksichtigung der Sichtbarkeit.
  a) $A(2|0|0)$ $B(5|4|7)$ $C(8|-2|10)$;
     $X(8|0|3)$ $Y(3|4|9)$ $Z(4|-4|7)$
  b) $A(8|4|1)$ $B(5|-4|4)$ $C(0|0|9)$;
     $X(5|-2|8)$ $Y(4|5|6)$ $Z(1|0|0)$

339. Ein Kreis ist durch den Mittelpunkt M und die Tangente t gegeben. Schneide seine Fläche mit dem Dreieck ABC.
$M(5|0|4)$, $t = P(3|7|8)$ $Q(11|-5|8)$;
$A(2|0|9)$ $B(10|5|3)$ $C(7|-6|-2)$.

340. Bestimme die Schnittgeraden und den Schnittpunkt dreier Ebenen.

341. Drei Ebenen sind durch ihren Schnittpunkt S und je eine Gerade a, b, c gegeben. Suche die drei Schnittgeraden.

342. Suche die Durchdringung der drei Dreiecke ABC, PQR und XYZ.
$A(6|-6|2)$ $B(6|6|0)$ $C(1|2|9)$
$P(11|0|6)$ $Q(7|-3|1)$ $R(1|4|0)$
$X(1|-2|2)$ $Y(10|0|9)$ $Z(7|4|1)$

71.–72. Schnittpunkt einer Geraden mit einer Ebene

343. Schneide eine Gerade g mit einer erst-, zweit- oder drittprojizierenden Ebene.

Schnittpunkt einer Geraden mit einer Ebene

344. Schneide eine Gerade g mit einer Ebene, welche durch folgende Stücke bestimmt ist:
   a) zwei sich schneidende Gerade,
   b) eine erste und eine zweite Hauptgerade,
   c) einen Punkt und eine Gerade,
   d) die Spuren.

345. Gegeben sind zwei Punkte P und Q sowie eine Ebene. Untersuche, ob die Punkte auf der gleichen oder auf verschiedenen Seiten der Ebene liegen, und bestimme das Verhältnis ihrer Abstände von der Ebene.

346. Schneide ein Parallelogramm mit einer Geraden unter Berücksichtigung der Sichtbarkeit.

347. Suche in einer gegebenen Ebene einen Punkt mit vorgeschriebenen Tafelabständen.

348. Gegeben sind eine Ebene und zwei Gerade a und b. Suche in der Ebene eine Gerade, welche a und b schneidet.

349. Von einer Ebene kennt man die erste Spur und von einer andern Ebene die zweite Spur. Suche die fehlenden Spuren, wenn die Schnittgerade
   a) durch einen gegebenen Punkt gehen,
   b) zu einer gegebenen Geraden parallel sein soll.

350. Lege durch den Punkt P die Transversale der Geraden u und v.
   a) $P(5|-3|8)$, $u = U(0|-5|2)\ X(7|2|9)$,
      $v = V(4|2|0)\ Y(0|4|4)$
   b) $P(3|0|4)$, $u = U(0|-5|4)\ X(8|3|8)$,
      $v = V(9|-2|-7)\ Y(2|4|7)$

351. Gegeben sind drei windschiefe Gerade u, v und p. Lege die zu p parallele Transversale von u und v.
   $u = U(9|-4|8)\ X(3|0|5)$, $v = V(9|-2|4)\ Y(4|7|10)$
   a) $p = P(2|5|0)\ Q(7|9|5)$; b) $p = P(1|9|9)\ Q(7|9|5)$;
   c) $p =$ Rißachse.

352. Gegeben sind drei windschiefe Gerade a, b und c. Konstruiere ein Rechteck, von dem zwei Ecken auf a und je eine auf b und c liegen.

§ 13. Schnitte von Ebenen mit Ebenen und Geraden

353. Von den drei gegebenen Geraden a, b und c sind a und b parallel. Suche eine Transversale der drei Geraden, welche
 a) parallel zur Grundrißebene ist oder
 b) a und b normal schneidet.

354. Gegeben sind vier Gerade a, b, c und d, von welchen sich a und b schneiden. Suche alle Geraden, welche die gegebenen schneiden.

Löse auch die Aufgaben Nr. 71 bis 74 und 78 im Zweitafelsystem.

73. Schattenkonstruktionen

355. Konstruiere die Schlagschatten einer gegebenen Strecke auf die Rißebenen und bestimme auf der Strecke den Punkt, dessen Schatten auf die Rißachse fällt
 a) bei parallelem Licht,
 b) bei zentralem Licht.

356. Ein gegebenes Rechteck ist zur Grundrißebene parallel. Suche seine Schatten auf die Rißebenen bei paralleler Beleuchtung. Zeige allgemein, daß bei parallelem Licht die Schatten einer (ebenen oder räumlichen) Figur auf Grund- und Aufrißebene perspektivaffin sind.

357. In einer zweiten Hauptebene ist ein Kreis gegeben. Zeichne bei parallelem Licht die Schatten auf die Rißebenen und bestimme in ihren Schnittpunkten mit der Rißachse die Tangenten.

358. Ein Kreis liegt in einer dritten Hauptebene und berührt die Rißebenen. Konstruiere bei parallelem Licht seine Schatten auf die Rißebenen. (Beachte Aufgabe 356.)

359. Bestimme bei gegebener Lichtquelle L die Schatten des Dreiecks ABC auf die Rißebenen. Gib an, ob in den Rissen die beleuchtete oder die unbeleuchtete Seite des Dreiecks sichtbar ist.
 a) $A(4|0|3)$ $B(7|5|8)$ $C(3|6|1)$; $L(10|8|10)$
 b) $A(4|-2|2)$ $B(7|4|4)$ $C(2|2|9)$; $L(10|6|9)$
 c) $A(3|-3|3)$ $B(5|1|8)$ $C(3|4|0)$; $L(10|0|5)$

360. Zeichne von einem Trapez den Grundriß, die Umklappung um die erste Spur seiner Ebene und für paralleles Licht den Schatten auf die Grundrißebene. Untersuche die Beziehungen zwischen je zwei der drei Figuren. (Vgl. Nr. 163.)

361. Suche für paralleles Licht die Schlagschatten des Dreiecks ABC und
a) seines Inkreises,   b) seines Umkreises
auf die Rißebenen, wenn die Lichtrichtung durch die Gerade AA_1 gegeben ist. (Beachte die Bemerkung der Aufgabe 356.)
$A(7|-3|2)\ B(4|-2|7)\ C(2|-6|6);\ A_1(5|0|0)$

362. Zeichne bei parallelem oder zentralem Licht den Schlagschatten einer Strecke AB auf eine gegebene Ebene α. Beachte, daß der Schatten der Geraden AB durch den Schnittpunkt von AB mit α geht.

363. Suche bei parallelem Licht den Schatten einer ebenen Figur auf eine gegebene Ebene. Zeige, daß der Grundriß der Figur und der Grundriß ihres Schattens perspektivaffin sind. Welche Bedeutung haben die Affinitätsrichtung und die Affinitätsachse?

364. Gegeben sind die Strecke PQ und das Dreieck ABC. Konstruiere bei gegebener Lichtrichtung l den Schatten der Strecke auf das Dreieck und die Schatten beider Figuren auf die Grundrißebene
$P(11|7|11)\ Q(6|5|5);\ l = QQ_1(3|0|0);$
$A(6|0|8)\ B(4|3|6)\ C(10|1|2)$

365. Von einem Quadrat $PQRS$, welches in einer ersten Hauptebene liegt, kennt man die Diagonale PR. Suche bei gegebener Lichtrichtung l den Schatten des Quadrates auf das Dreieck ABC und die Schatten beider Figuren auf die Rißebenen.
$P(4|-6|7)\ R(8|0|7);\ l = RR_1(2|8|0);$
$A(9|3|0)\ B(1|1|7)\ C(4|-4|4)$

366. Löse die Aufgabe Nr. 338 und konstruiere für die Lichtrichtung l die Schatten, welche die Figuren aufeinander und auf die Rißebenen werfen.
a) $l = CC_1(-6|10|0)$ b) $l = CC_1(2|7|0)$

§ 13. Schnitte von Ebenen mit Ebenen und Geraden

367. Bestimme die Lichtrichtung, so daß die Schatten der Geraden $a = PQ$ und $b = RS$ auf die Grundrißebene sich im Punkte T schneiden.
$P(10|5|10)\ Q(8|-1|4);\ R(6|4|2)\ S(3|0|6);\ T(11|-8|0)$

368. Suche eine zur Aufrißebene parallele Lichtrichtung, für welche zwei gegebene windschiefe Gerade auf die Grundrißebene parallele Schatten werfen.

369. Das allgemeine Tetraeder $ABCD$ ist gegeben. Suche eine Lichtrichtung, für welche der Schlagschatten des Tetraeders auf eine beliebige Ebene ein Parallelogramm ist und zeichne die Schatten auf die Rißebenen.

†370. Zwei windschiefe Gerade a und b sind gegeben. Bestimme eine Lichtrichtung parallel zur Grundrißebene, so daß die Schatten von a und b auf die Aufrißebene einen rechten Winkel bilden. (Anleitung: Löse die Aufgabe zuerst für zwei sich schneidende Gerade.)
$a = P(2|2|2)\ Q(10|-2|6);\ b = R(8|0|0)\ S(0|-5|10)$

†371. Drei windschiefe Gerade a, b, c sind gegeben. Suche eine Lichtrichtung, für welche die Schatten der Geraden auf die Aufrißebene folgende Lage haben: Die Schatten von a und b sind zueinander parallel und normal zum Schatten von c.

372. Von einem gegebenen Parallelogramm weiß man, daß sein Schatten auf die Aufrißebene ein Quadrat ist. Suche die Lichtrichtung und diesen Schatten.

373. Der Schatten eines gegebenen Dreiecks auf die Grundrißebene ist ein gleichseitiges Dreieck. Suche die Lichtrichtung.

374. In der Ebene ABM liegt ein Kreis mit dem Mittelpunkt M und dem Radius r. Bestimme eine Lichtrichtung, so daß der Schatten des Kreises auf die Grundrißebene
a) die Rißachse im Punkte P berührt,
†b) durch die Punkte Q und R geht.
Stelle den Kreis dar und zeichne den Schatten.
$A(0|0|0)\ B(12|-4|0)\ M(6|-4|5);\ P(0|6|0);$
$Q(4|5|0)\ R(2|4|0);\ r = 3$

375. Konstruiere den Schatten eines gegebenen Parallelogramms auf die Grundrißebene bei zentraler Beleuchtung. Wo liegen

die Schnittpunkte der Schatten der parallelen Seiten? Suche auf den Seiten des Parallelogramms oder ihren Verlängerungen die Punkte, deren Schatten unendlichfern liegen.

†376. Suche eine Lichtquelle mit gegebenem Abstand z von der Grundrißebene, für welche der Schatten des windschiefen Vierecks $ABCD$ auf die Grundrißebene ein Parallelogramm wird. (Beachte die vorangehende Aufgabe.)
$A(4|0|2)\quad B(1|2|7)\quad C(6|5|1)\quad D(5|-2|6);\quad z=10$

§ 14. Gerade und Ebene in normaler und paralleler Lage

74.–78.

377. Lege durch den Punkt P die Normale zur Ebene α, wenn α gegeben ist durch
   a) eine erste und eine zweite Hauptgerade durch P,
   b) zwei sich schneidende oder zwei parallele Gerade,
   c) drei Punkte,
   d) die Rißachse und einen Punkt.

378. Welchen Bedingungen müssen die Spurpunkte einer Geraden genügen, damit sie zur Koinzidenzebene bzw. zur Symmetrieebene normal steht?

379. Zeichne durch einen gegebenen Punkt die Normale zur Fläche eines Parallelogramms unter Berücksichtigung der Sichtbarkeit.

380. Suche den Abstand des Punktes P von der Ebene der Punkte A, B, C.
   a) $A(7|-4|7),\quad B(1|3|7),\quad C(7|0|4);\quad P(2|-3|2)$
   b) $A(4|4|1),\quad B(2|-1|3),\quad C(8|2|10);\quad P(9|-4|6)$
   c) $A(2|6|3),\quad B(5|3|8),\quad C(5|-3|8);\quad P(7|0|2)$

381. In der Ebene α sind die Punkte A und B gegeben. Stelle einen auf α liegenden Würfel dar, von dem AB eine Kante ist.
$\alpha = A(5|-3|4)\quad B(8|0|6)\quad P(5|6|1)$

382. Bilde den Punkt P an einer gegebenen Ebene symmetrisch ab (vgl. Aufgabe 90).

§ 14. Gerade und Ebene in normaler und paralleler Lage

383. Welchen Bedingungen müssen die Risse zweier Punkte (zweier Geraden) genügen, damit die Punkte (die Geraden) symmetrisch bezüglich der Koinzidenzebene liegen?

384. Suche das plansymmetrische Bild des Dreiecks ABC bezüglich einer gegebenen Ebene.

385. Gegeben sind zwei Ebenen α und β sowie zwei Punkte A und B. Fasse α und β als Spiegel auf und suche den Weg eines Lichtstrahls, der von A ausgeht und nach Reflexion an α und β durch den Punkt B geht (vgl. Nr. 129).
$\alpha = P(7|-5|6)\ Q(10|-2|11)\ R(3|-3|3);$
$\beta = PQS(9|1|6);\ A(6|2|1);\ B(7|7|6)$

386. Gegeben sind ein Punkt L, zwei Gerade p, q und eine Ebene α. Konstruiere einen Lichtstrahl, der von L ausgeht, p schneidet und nach Reflexion an α auch q schneidet.

387. Die Grundrisse der gegebenen Dreiecke ABC und XYZ gehen durch eine Translation auseinander hervor und ebenso ihre Aufrisse. Suche den Abstand ihrer Ebenen.

388. Lege durch einen Punkt eine Ebene, welche parallel zu zwei gegebenen windschiefen Geraden ist.

389. Gegeben sind die Punkte A, B und die Gerade a. Lege zu der durch A und a bestimmten Ebene die Parallelebene durch B.

390. Lege durch drei gegebene Punkte drei äquidistante Ebenen, die zu einer gegebenen Geraden parallel sind (vgl. Nr. 74).

391. Lege durch den Punkt P eine Gerade, welche die gegebene Gerade g schneidet und zur gegebenen Ebene α parallel ist.

392. Gegeben sind zwei Punkte A und B und drei Ebenen α, β, γ. Suche in γ einen Punkt C, so daß BC zu α, AC zu β parallel ist.

393. Eine Ebene γ, zwei parallele Gerade a, b und eine weitere Gerade c sind gegeben. Bestimme eine zu γ parallele Transversale von a, b und c (vgl. Nr. 353).

394. Lege zu einer Ebene die Parallelebenen in einem vorgeschriebenen Abstand.

395. Konstruiere eine Transversale zweier windschiefer Geraden, welche zu einer gegebenen Ebene normal steht.

396. Bestimme Linie und Länge des kürzesten Abstandes zweier windschiefer Geraden g und l.
a) $g = A(4|-5|8)\ B(8|1|8);\quad l = C(1|-2|2)\ D(1|4|10)$
b) $g = A(2|5|2)\ B(9|-2|2);\quad l = C(5|4|10)\ D(1|-4|5)$
c) $g = A(3|0|2)\ B(3|8|2);\quad l = C(4|0|9)\ D(10|8|0)$
d) $g = A(8|7|2)\ B(6|0|10);\quad l = C(1|3|0)\ D(5|-6|5)$

397. Konstruiere die Mittelnormalebene zweier Punkte.

398. Lege durch den Punkt P der Geraden g eine Gerade normal zu g, welche eine gegebene Gerade a schneidet.

399. Von einem Rechteck $ABCD$ kennt man den Aufriß und die Grundrisse von A und B. Ergänze den Grundriß.

400. Von einem Dreieck ABC kennt man C und den Fußpunkt D der Höhe h_c. A soll auf der gegebenen Geraden a und B in der Grundrißebene liegen. Konstruiere das Dreieck.
$C(9|7|9),\ D(3|0|2);\ a = P(0|-6|2)\ Q(10|0|8)$

401. Konstruiere ein Quadrat $ABCD$, von dem die Seite AB gegeben ist, während C in der gegebenen Ebene γ liegen soll. $A(5|0|2)\ B(8|2|6);\ \gamma =$ zweitprojizierende Ebene durch $P(0|-8|4)\ Q(0|0|9)$

402. Von einem regelmäßigen Sechseck kennt man die Ecke A. Seine Ebene ist normal zu einer gegebenen Geraden g, und sein Mittelpunkt liegt auf g. Zeichne das Sechseck.

403. Drehe den Punkt P um die Gerade a
a) um den Winkel $60°$,
b) bis er in einer gegebenen Ebene liegt,
c) bis er von einer gegebenen Ebene einen vorgeschriebenen Abstand hat,
d) bis er von zwei gegebenen Punkten gleiche Abstände hat.
Stelle den Weg des Punktes dar. Beachte auch den einfachen Fall, wo a eine projizierende Gerade ist (vgl. Nr. 128).

404. Stelle den Kreis mit der Achse a dar, welcher durch den Punkt P geht. Welche Bedeutung haben die Risse von a für die Risse des Kreises? (Kreisachse = Normale zur Kreisebene im Mittelpunkt)

§ 14. Gerade und Ebene in normaler und paralleler Lage

405. Von einem Kreise sind der Mittelpunkt M und die Kreisachse a gegeben. Stelle den Kreis dar, wenn er
 a) eine gegebene Gerade g schneidet,
 b) eine gegebene Ebene berührt.

406. Suche die Risse eines kreisrunden Spiegels mit dem Mittelpunkt M und dem Radius r, an dem ein von einem Punkte A ausgehender Lichtstrahl in M so reflektiert wird, daß er durch den Punkt B geht.
$M(5|0|5)$, $A(8|7|6)$, $B(12|-4|7)$; $r = 4$

†407. Gegeben sind ein Lichtstrahl l und ein Punkt P. Ein ebener Spiegel ist um einen festen Punkt S in allen Richtungen drehbar. Stelle den Spiegel so, daß l nach dem Punkte P reflektiert wird. Zeichne die Spuren der Spiegelebene und den Strahlengang. (Anleitung: Betrachte den plansymmetrischen Punkt zu P bezüglich der gesuchten Spiegelebene.)
$l = A(0|8|9)\ B(11|-2|5)$; $P(8|5|2)$, $S(5|0|4)$

408. Drehe den Umkreis des Dreiecks ABC um die Gerade AB um den Winkel φ und stelle beide Kreise dar.
$A(4|0|4)\ B(5|2|6)\ C(9|-4|9)$; $\varphi = 30°$

409. Das in der Grundrißebene liegende Parallelogramm $A_1B_1C_1D_1$ ist die Grundfläche eines Prismas mit der Kantenrichtung A_1A. Auf der Kante durch B_1 ist noch der Punkt B gegeben. Lege durch AB eine Ebene, welche aus dem Prisma ein Rechteck herausschneidet. Zeichne die Risse und die wahre Gestalt des Rechtecks.

410. Ersetze in der vorhergehenden Aufgabe B durch einen Punkt C auf der Kante durch C_1 und suche eine Ebene durch AC, welche aus dem Prisma einen Rhombus schneidet.

†411. Von einem gleichschenkligen Dreieck kennt man den Inkreismittelpunkt M, die Ecke A und die Richtungen der Grundrisse der Seiten AB und AC. Konstruiere das Dreieck (BC = Basis). Beachte den Spezialfall, wo MA eine erste Hauptgerade ist.
$M(6|0|6)\ A(3|-4|2)$; $A'B'$ parallel $A'P(13|2|0)$
$A'C'$ parallel $A'Q(8|8|0)$

†412. Gegeben sind zwei parallele Gerade a und b und außerhalb ihrer Ebene der Punkt C. Bestimme ein gleichschenkliges Dreieck ABC mit der Spitze C, A auf a, B auf b und der Basis c.
$a = P(3|-6|4)\ Q(9|0|7)$, b durch $R(2|-3|2)$, $C(5|3|8)$, $c = 4$

†413. Bestimme auf der Geraden g einen Punkt P, für den die Differenz der Quadrate der Abstände von den gegebenen Punkten A und B den vorgeschriebenen Wert d^2 hat.

414. Die gegebene Strecke AB ist die kürzeste Verbindung zweier windschiefer Geraden a und b. a soll die gegebene Gerade g und b die gegebene Gerade l schneiden. Zeichne die Geraden a und b.

415. Gegeben sind die Gerade g und zwei Punkte P und L. Suche eine zweite Gerade l durch L, so daß die kürzeste Verbindung von g und l durch P geht.
$g = A(12|0|2)\ B(6|-3|6)$, $P(4|1|4)$, $L(5|6|5)$

416. Gegeben sind eine Gerade g und ein Punkt P. Lege durch g zwei zueinander normale Ebenen, von denen eine durch P geht.

417. Lege durch eine Gerade eine Ebene, welche zu einer gegebenen Ebene normal steht.

418. Suche von allen Geraden, welche durch einen gegebenen Punkt P gehen und eine Gerade g schneiden, jene, welche mit der Rißachse den kleinsten Winkel bildet.

419. Gegeben sind die Ebenen α und β. Drehe α um eine erstprojizierende Gerade a, bis sie zu β normal steht. Bestimme den Drehwinkel und zeige, daß er nicht von der Lage von a abhängt. Welche Beziehung muß zwischen den ersten Neigungswinkeln der Ebenen bestehen, damit die Aufgabe lösbar ist?

420. Lege durch einen Punkt eine Ebene, welche zu einer gegebenen Geraden parallel und zu einer gegebenen Ebene normal ist.

421. Lege durch eine gegebene Gerade eine Ebene mit gleichen Neigungswinkeln.

†422. Gegeben sind ein Lichtstrahl l und ein Dreieck ABC. Fasse die Ebene des Dreiecks als Grenze zweier Medien mit den Brechungsindizes n_1 und n_2 auf und konstruiere den gebrochenen Lichtstrahl. (l liegt im ersten Medium.)
$l = P(0|4|10)\ Q(4|2|8);\ A(9|0|10)\ B(2|5|3)\ C(6|-4|5);$
$n_1 = 1,\ n_2 = 1{,}8$

§ 15. Winkel der Geraden und Ebenen
80.–81.

423. Suche den Winkel, unter dem die Gerade $g = PQ$ die Ebene ABC schneidet.
  a) $P(4|-3|1)\ Q(4|5|7);\quad A(9|0|0)\ B(9|0|8)\ C(2|4|0)$
  b) $P(2|-4|3)\ Q(9|2|7);\quad A(0|10|0)\ B(5|10|0)\ C(0|0|7)$
  c) $P(0|0|4)\ Q(5|0|4);\quad A(7|-2|0)\ B(2|7|2)\ C(9|4|6)$
  d) $P(2|-4|0)\ Q(2|-9|9);\ A(9|-4|4)\ B(3|3|6)\ C(3|0|10)$
  e) $P(6|4|2)\ Q(6|-4|2);\quad A(9|-3|8)\ B(2|0|3)\ C(0|4|5)$
  f) $P(4|-2|1)\ Q(7|3|10);\ A(2|0|7)\ B(8|2|2)\ C(2|8|7)$
  g) $P(1|-5|6)\ Q(8|3|2);\quad A(4|0|0)\ B(0|0|10)\ C(0|8|0)$
  h) $P(10|0|4)\ Q(2|-7|7);\ A(2|-3|7)\ B(6|0|2)\ C(6|5|7)$
  i) $P(1|-10|6)\ Q(10|-4|10);$
  $A(3|-4|3)\ B(5|3|10)\ C(8|5|5)$

424. Bestimme den Winkel, unter dem eine allgemeine Ebene eine erstprojizierende Ebene schneidet.

425. Suche den Winkel, den die beiden projizierenden Ebenen einer Geraden bilden.

426. Die Gerade g sei eine erste Fallgerade einer Ebene und gleichzeitig eine zweite Fallgerade einer andern Ebene. Konstruiere den Schnittwinkel der beiden Ebenen.

427. Gegeben sind die Gerade g und die Punkte A und B. Bestimme den Schnittwinkel der Ebenen (g, A) und (g, B).
$g = P(2|-4|1)\ Q(7|6|11);\ A(7|1|3)\ B(2|4|5)$

428. Suche die Ebene, die den ersten Neigungswinkel einer gegebenen Ebene halbiert.

429. Konstruiere die winkelhalbierenden Ebenen der beiden projizierenden Ebenen einer gegebenen Geraden.

430. Bestimme die winkelhalbierenden Ebenen einer allgemeinen Ebene und der Koinzidenzebene.

431. Suche die winkelhalbierenden Ebenen der in Aufgabe 427 gegebenen Ebenen.

432. Gegeben sind eine Ebene γ, eine Gerade a und ein Punkt B. Lege durch a eine Ebene α und durch B eine Ebene β, so daß γ eine winkelhalbierende Ebene von α und β ist. Bestimme die Schnittgerade der drei Ebenen.
$\gamma = P(7|-3|5)\ Q(8|0|11)\ R(3|3|3);$
$a = A(1|0|6)\ P;\quad B(9|2|1)$

Beachte auch die früheren Aufgaben 123, 124.

§ 16. Neue Rißebenen. Umprojizieren
82.–85.

433. Wähle ein Tetraeder $ABCD$ und eine zweitprojizierende Ebene α. Konstruiere die wahre Gestalt der Normalprojektion des Tetraeders auf α.

434. Gegeben sind drei windschiefe Gerade a, b, c. Suche eine Gerade parallel zur Rißachse, welche von a, b und c gleiche kürzeste Abstände hat.

435. Von zwei gegebenen windschiefen Geraden g und h ist h eine erste Hauptgerade. Suche
 a) den kürzesten Abstand der beiden Geraden,
 b) einen Punkt auf g, welcher von h den vorgeschriebenen Abstand d hat.

436. Drehe die Strecke AB um die erste Hauptgerade h, bis sie parallel zur Grundrißebene ist. Konstruiere die Endlage der Strecke und die wahre Größe des Drehwinkels.
$A(6|-4|5)\ B(2|3|10);\ h = P(1|-3|4)\ Q(6|3|4)$

437. Gegeben sind ein Lichtstrahl l und ein Drehzylinder mit der Achse a parallel zur Aufrißebene und mit dem Radius r. Fasse die Zylinderoberfläche als Spiegel auf und konstruiere den reflektierten Strahl.
$l = P(10|7|4)\ Q(5|-3|7);\ a = A(5|-6|3)\ B(5|5|9),$
$r = 3$

§ 16. Umprojizieren

438. Gegeben sind der Punkt P und die Gerade g. Lege durch P eine Gerade mit dem kürzesten Abstand d von g, welche mit g den Winkel $60°$ einschließt.
$P(2|0|9)$; $g = A(6|-8|0)$ $B(6|0|4)$, $d = 2$

439. Eine erstprojizierende Ebene α und eine Gerade g sind gegeben. Lege durch g eine Ebene, welche mit α den vorgeschriebenen Winkel φ einschließt, und konstruiere die Schnittgerade der beiden Ebenen. (Beachte Nr. 127.)

440. Zeichne zu einem auf der Rißebene stehenden Würfel den plansymmetrischen bezüglich einer gegebenen Ebene.

441. Gegeben sind zwei windschiefe Gerade a und b. Suche auf a einen Punkt, dessen Abstand von b doppelt so groß ist wie der kürzeste Abstand der beiden Geraden.

442. Zwei windschiefe Gerade a und g sind gegeben. Zeichne zu a eine parallele Gerade, welche g schneidet und
a) von a den vorgeschriebenen Abstand r hat,
b) von a möglichst kleinen Abstand hat.

443. Projiziere einen in einer erstprojizierenden Ebene liegenden Kreis zweimal um. (Beachte die Frage in Aufgabe 404.)

444. Die windschiefen Geraden g und l sind gegeben. Stelle den kleinsten Kreis dar, welcher g berührt und l schneidet.
$g = A(1|-5|6)$ $B(5|7|10)$; $l = C(10|0|3)$ $D(2|6|0)$

445. Die Punkte A, B und C liegen in einer zweitprojizierenden Ebene α. Stelle einen Würfel mit der Kantenlänge a dar, welcher aus α das Dreieck ABC herausschneidet.
$A(6|-4|9)$ $B(10|0|5)$ $C(5|1|4)$, $a = 7$

446. Zeichne ein regelmäßiges Oktaeder mit einer erstprojizierenden Diagonale. Wähle eine allgemeine Ebene α durch zwei Hauptgerade. Konstruiere durch Umprojizieren die wahre Gestalt der Normalprojektion des Oktaeders auf α.

447. Projiziere ein auf der Grundrißebene stehendes Tetraeder so um, daß der neue Riß ein Parallelogramm wird.

448. Gegeben sind die erste Hauptgerade g und die zu g windschief normale Gerade l (das heißt l' normal zu g'). Stelle einen Würfel dar, von dem eine Kante auf g und eine andere auf l liegt.
$g = A(0|-8|6)$ $B(8|4|6)$; $l = C(6|-2|12)$ $D(0|2|9)$

449. Zwei windschiefe Gerade g und l sind gegeben. Stelle einen Würfel mit der vorgeschriebenen Kantenlänge a dar, von dem eine Kante auf g, eine Ecke auf l liegt.

450. Gegeben sind die Gerade $g = AP$ und die Punkte B und C. Konstruiere einen Würfel mit einer Ecke in A und einer Kante auf g. B und C sollen je in einer der Seitenflächen liegen, welche durch die Gegenkante von g gehen.
$A(6|-5|6)\ P(12|0|12);\ B(4|2|7)\ C(7|4|5)$

451. Die sich im Punkte P schneidenden Geraden a und b liegen in derselben zweitprojizierenden Ebene. Suche eine Gerade durch P, welche mit a den Winkel α und mit b den Winkel β einschließt (Dreikant).

452. Der Punkt P und die Gerade g sind gegeben. Bestimme eine zu g parallele Ebene, welche von g den Abstand r_1 und von P den Abstand r_2 hat.

453. Gegeben sind drei windschiefe Gerade a, b und g. Suche eine Parallele zu g mit vorgeschriebenen Abständen d_1 von a und d_2 von b.

454. Von den gegebenen Geraden t, u und v sind u und v parallel. Suche eine Gerade, die von den drei gegebenen Geraden gleiche kürzeste Abstände hat und
a) zu t,
b) zu u und v parallel ist.

455. Gegeben sind die Ebene $\gamma = PQR$ und die Punkte A und B. Suche in γ eine Gerade l parallel zu PQ, so daß γ eine winkelhalbierende Ebene der Ebenen (l, A) und (l, B) ist.
$P(6|-5|2)\ Q(2|2|7)\ R(10|4|4);\ A(3|6|3)\ B(10|-1|4)$

456. Errichte im Höhenschnittpunkt eines Dreiecks ABC die Normale und suche auf ihr den Punkt, dessen Abstand von der Dreiecksebene gleich drei Viertel seines Abstandes von der Grundrißebene ist.

†457. Suche in einer gegebenen Ebene α einen Punkt, so daß seine Verbindungsgeraden mit drei gegebenen Punkten A, B und C die Ebene α unter gleichen Winkeln schneiden.

458. Eine Ebene α, eine Gerade g und ein Punkt P sind gegeben. Bestimme eine zu α normale Gerade, welche von P den vor-

geschriebenen Abstand d hat und deren kürzester Abstand von g möglichst klein ist.

$\alpha = A(5|5|10)\ B(5|0|5)\ C(10|8|5);$
$g = AQ(3|-5|7);\ P(8|-2|2);\ d = 4$

459. Gegeben sind eine Gerade g und zwei Punkte P und Q. Suche eine Gerade durch P, die von g den vorgeschriebenen kürzesten Abstand d hat, während ihr Abstand von Q möglichst klein ist.

$g = A(5|-2|3)\ B(2|4|12);\ P(6|5|8), Q(10|-4|7);\ d = 2$

†460. Stelle einen Kreis mit gegebenem Mittelpunkt M dar, welcher drei gegebene parallele Gerade a, b, c schneidet.

$M(6|2|5);\ a = A(2|0|1)\ P(6|8|1),\ b$ durch $B(4|0|8),$
c durch $C(8|0|4)$

§ 17. Verschiedene Aufgaben

86.–88.

Löse auch die Aufgaben Nr. 40, 70, 72, 84, 87, 92.

461. Gegeben sind zwei Punkte A, B und eine Ebene α. Suche in α den geometrischen Ort der Punkte mit gleichen Abständen von A und B und bestimme unter ihnen jenen, der A und B am nächsten liegt.

462. Konstruiere ein gleichschenkliges Dreieck mit gegebener Basis AB, dessen Spitze C auf der gegebenen Geraden g liegt.

463. Zeichne ein Rechteck mit gegebener Seite AB, dessen Mittelpunkt auf der gegebenen Geraden g liegt.

464. Von einem gleichschenkligen Dreieck kennt man einen Schenkel AC und den Grundriß U' des Umkreismittelpunktes. Stelle das Dreieck dar.

$A(3|0|3)\ C(8|4|6)\ U'(6|0|0)$

465. Gegeben sind die Punkte A, B und die Ebene γ. Suche in γ einen Punkt C, so daß das Dreieck ABC gleichseitig ist. (Vgl. Nr. 109.)

$A(8|-3|3)\ B(3|2|6);\ \gamma = P(3|5|9)\ Q(1|0|9)\ R(10|-5|4)$

466. Zeichne ein Quadrat mit gegebener Diagonale AC, dessen andere Diagonale zur gegebenen Ebene α parallel ist.

Verschiedene Aufgaben

467. Zwei Punkte P, Q und ein Dreieck ABC sind gegeben. Suche auf dem Umkreis des Dreiecks einen Punkt mit gleichen Abständen von P und Q.
$P(1|-1|4) \; Q(7|-7|10); \; A(1|2|2) \; B(2|6|5) \; C(11|0|6)$

468. Suche in einer gegebenen Ebene einen Punkt, der von drei gegebenen Punkten gleiche Abstände hat.

469. Bestimme einen Punkt mit gleichen Abständen von vier gegebenen Punkten.

470. Gegeben sind die Ebenen $\alpha = APQ$ und $\beta = BPQ$. Stelle einen Kreis dar, welcher α in A und β in B berührt. (Vgl. Nr. 327.)
$A(3|3|5) \; B(9|-3|8) \; P(1|0|0) \; Q(7|-8|5)$

471. AB und A_1B_1 sind zwei gleich lange gegebene Strecken. Konstruiere die Achse und den Winkel einer Drehung, welche A in A_1 und B in B_1 überführt.
$A(6|-3|5) \; B(9|3|5) \; A_1(4|0|4) \; B_1(2|5|8)$

472. Gegeben sind ein Punkt A, eine Gerade m und eine Ebene β. Bestimme in β einen Punkt B, so daß die Mittelnormalebene von A und B durch m geht.

473. Stelle einen Kreis mit dem vorgeschriebenen Radius r dar, der durch zwei gegebene Punkte A und B geht und dessen Mittelpunkt von den gegebenen Punkten P und Q gleiche Abstände hat.

†474. Gegeben sind zwei windschiefe Gerade g und l. Suche eine auf l liegende Strecke von der vorgeschriebenen Länge a, deren Endpunkte von g gleiche Abstände haben.

†475. Konstruiere ein Quadrat $ABCD$, von dem die Ecken A und B gegeben sind, während C und D von der gegebenen Geraden g gleiche Abstände haben sollen.
$A(9|0|7) \; B(7|-3|2); \; g = P(0|3|2) \; Q(8|7|4)$

†476. Stelle einen Kreis dar, welcher durch die gegebenen Punkte A und B geht und die gegebene Gerade g einmal normal schneidet.
$A(6|0|4) \; B(8|-3|8); \; g = P(10|0|5) \; Q(12|-4|-1)$

†477. Gegeben sind zwei Punkte P, P_1 und eine Gerade g. Bestimme eine Gerade a, welche g schneidet, so daß durch eine Drehung mit der Achse a um den vorgeschriebenen Winkel φ P in P_1 übergeführt wird.
$P(10|1|6)$ $P_1(6|5|8)$; $g = U(1|0|2)$ $V(1|6|2)$; $\varphi = 90°$

478. Suche die Punkte, welche von zwei gegebenen parallelen Ebenen und den beiden Rißebenen gleiche Abstände haben.

479. Gegeben sind zwei Ebenen, ein Punkt P und eine erstprojizierende Gerade a. Drehe die Ebenen um a, bis sie von P gleiche Abstände haben.
 a) Die Ebenen sind parallel.
 b) Die Ebenen schneiden sich.

480. Zwei windschiefe Gerade g und g_1 sind gegeben. Suche die Achse einer Symmetrie, welche g in g_1 überführt.

481. Gegeben sind drei Gerade p, q und r. Suche eine Gerade, welche p in P, q in Q und r in R so schneidet, daß $PR:QR = m:n$ ist, wobei m und n zwei gegebene Zahlen sind.

482. Suche eine Ebene, die von zwei gegebenen parallelen Geraden a und b gleiche Abstände hat und von welcher die gegebenen Punkte P und Q gleich weit entfernt sind. Diskutiere die Anzahl der Lösungen.

483. Gegeben sind zwei Gerade a, b und eine Ebene α. Suche eine zu α parallele Transversale von a und b, welche von α den vorgeschriebenen Abstand d hat.

484. Suche einen Punkt, der von drei gegebenen Ebenen vorgeschriebene Abstände hat.

485. Gegeben sind die Punkte A, B, C, D. Bestimme auf der Geraden CD einen Punkt, der
 a) von den Ebenen ABC und ABD,
 b) von den Geraden AB und AD
 gleiche Abstände hat.

486. Suche die Mittelpunkte der Kugeln, welche die Ebenen der Seitenflächen des Tetraeders $ABCD$ berühren.
$A(4|-3|6)$ $B(9|-3|6)$ $C(6|0|6)$ $D(4|2|9)$

†487. Gegeben sind zwei windschiefe Gerade a, b und eine Gerade m, welche a und b schneidet. Bestimme auf a einen Punkt A

und auf b einen Punkt B, so daß die Mittelnormalebene der Punkte A und B durch m geht.
$a = U(7|-4|0)\ P(9|2|10);\ b = V(2|0|5)\ Q(0|6|3);$
$m = PQ$

488. Suche den geometrischen Ort der Punkte, deren Abstände von zwei parallelen oder zwei sich schneidenden Ebenen in einem vorgeschriebenen Verhältnis stehen.

489. Gegeben sind die Ebenen α, β, γ und in γ ein Punkt C. Bestimme in γ eine durch C gehende Gerade, welche α und β unter gleichen Winkeln schneidet.

490. Lege durch einen gegebenen Punkt eine Gerade, welche drei gegebene Ebenen unter gleichen Winkeln schneidet. Wie viele Lösungen hat die Aufgabe?

491. Suche einen Punkt, der von drei gegebenen parallelen Geraden und einer Ebene gleiche Abstände hat.

492. Drehe einen gegebenen Punkt P um eine gegebene Gerade a, bis er von zwei gegebenen parallelen oder sich schneidenden Geraden g und l gleiche Abstände hat.

493. Gegeben sind zwei Gerade p, q und eine Ebene α. Zeichne eine zu α parallele Gerade, welche p und q unter gleichen Winkeln schneidet.
$p = P(6|-3|3)\ R(0|3|10);\ q = Q(9|6|3)\ S(9|0|5);$
$\alpha = A(2|7|9)\ PQ$

494. Gegeben sind die Ebenen $\alpha = APQ$ und $\beta = BRS$. Suche die Achse und den Winkel einer Drehung, welche α in β und A in B überführt.

†495. Zeichne eine Gerade, welche mit drei gegebenen windschiefen Geraden a, b, c gleiche Winkel bildet und von ihnen gleiche kürzeste Abstände hat.

496. Lege durch die Gerade g eine Ebene, welche
 a) die Geraden $a = AP$ und $b = BQ$ oder
 b) die Ebenen $\alpha = ABP$ und $\beta = ABQ$
unter gleichen Winkeln schneidet. Konstruiere die Schnittpunkte bzw. die Schnittgeraden.
$A(2|-2|3)\ B(11|3|8)\ P(9|5|3)\ Q(11|-4|6);$
$g = U(1|0|9)\ V(5|8|3)$

§ 17. Verschiedene Aufgaben

497. Gegeben sind zwei Gerade p und q. Suche eine Parallele zu p, welche q schneidet und
   a) von zwei gegebenen Punkten gleiche Abstände hat,
   b) von zwei parallelen Geraden a und b gleiche kürzeste Abstände hat.

†498. Eine räumliche Figur F_1 geht durch die Translation, welche den Punkt A in den Punkt B überführt, in eine zweite Figur F_2 über. F_2 wird durch eine Drehung um die Achse a um den Winkel α in die Figur F_3 übergeführt. Bestimme die Achse, den Winkel und die Verschiebungsstrecke einer Schraubung, welche F_1 in F_3 überführt.
$A(0|0|0)$, $B(3|5|6)$; $a = P(10|0|4)\ Q(7|5|7)$,
$\alpha = 60°$ (positiver Drehsinn bei Blickrichtung von P nach Q)

†499. Setze im Sinne der vorhergehenden Aufgabe zwei axiale Symmetrien mit den windschiefen Achsen a_1 und a_2 zu einer Schraubung zusammen.

†500. Gegeben sind die Ebene α, die Gerade g und der Punkt P. Suche in α einen Punkt X, so daß die Ebene (g, X) normal zur Geraden PX steht. (Vgl. Nr. 134.)
$\alpha = A(2|-6|3)\ B(6|0|3)\ C(6|4|9)$;
$g = AQ(11|0|9)$; $P(2|5|5)$

501. Die Punkte A, B, C und die Gerade g sind gegeben. Suche auf g einen Punkt D, so daß die Normale durch A zur Ebene BCD und die Normale durch B zur Ebene ACD sich schneiden. Stelle das Tetraeder $ABCD$ dar und weise nach, daß auch seine Höhen durch C und D sich schneiden.
$A(8|-4|2)\ B(1|0|11)\ C(10|4|9)$; $g = P(4|0|0)\ Q(0|8|6)$

502. Ein Kreis ist durch seine Ebene, seinen Mittelpunkt und seinen Radius gegeben. Konstruiere die Linie und die Länge des kürzesten Abstandes eines gegebenen Punktes von der Kreislinie.

503. Stelle einen Kreis dar, von dem die Achse a und der Radius r gegeben sind, wenn die gegebenen Punkte A und B von der Kreislinie gleiche kürzeste Abstände haben sollen.
$a = P(9|-4|0)\ Q(2|6|10)$; $A(1|5|5)$, $B(4|-6|6)$; $r = 3$

504. Von einem Parallelogramm $ABCD$ ist die Seite AB gegeben,

die Ecke C soll auf der gegebenen Geraden c und D in der gegebenen Ebene δ liegen. Zeichne das Parallelogramm.

505. Gegeben sind zwei Punkte A, B, zwei Ebenen α, β und eine Gerade g. Suche auf g eine Strecke XY von der vorgeschriebenen Länge a, so daß
    a) $XA = YB$ ist oder
    b) X von α gleich weit entfernt ist wie Y von β.

†506. Gegeben sind zwei Ebenen α, β und zwei Punkte A, B, so daß die Strecke AB weder α noch β schneidet. Stelle einen durch A und B gehenden Kreis dar, welcher α und β berührt.
    a) α = erste Hauptebene mit $z = 11$
    β = erste Hauptebene mit $z = 5$
    $A(4|-2|6)$ $B(8|3|9)$
    b) α = Grundrißebene; β = Aufrißebene; $A(4|2|1)$ $B(1|4|6)$

Zweiter Abschnitt

Vielflache

§ 18. Darstellung der Vielflache
90.–98.

Löse auch die früheren Aufgaben Nr. 76, 78, 96, 445–450.

507. Stelle ein regelmäßiges Tetraeder dar, von dem eine Seitenfläche in der Ebene $\alpha = ABP$ liegt und von dem AB eine Kante ist.
$A(7|-1|4)$ $B(5|4|9)$ $P(0|-7|4)$

508. Gegeben sind ein Punkt P und eine Gerade g. Konstruiere ein regelmäßiges Tetraeder, von dem eine Kante auf g liegt und von dem
a) P eine Ecke ist,
b) P die Mitte der g gegenüberliegenden Kante ist.
$P(7|-2|7)$, $g = U(0|-2|2)$ $V(11|6|6)$

509. Von zwei gegebenen windschief normalen Geraden a und b ist a eine zweite Hauptgerade (a'' normal zu b''). Suche die Risse des regelmäßigen Tetraeders, von dem eine Kante auf a und eine auf b liegt.

510. Von einem regelmäßigen Tetraeder $ABCD$ ist die Kante AB gegeben; C soll in einer gegebenen Ebene α liegen. Stelle ein solches Tetraeder dar.
$A(11|-2|2)$ $B(5|3|5)$, α = Grundrißebene

511. Stelle ein regelmäßiges Tetraeder $ABCD$ dar, von dem A und B gegeben sind und dessen Kante CD oder deren Verlängerung die gegebene Gerade g schneiden soll.

512. Von einem regelmäßigen Tetraeder sind eine Ecke A und der Schwerpunkt S gegeben. Eine zweite Ecke B soll in der Aufrißebene liegen. Stelle ein solches Tetraeder dar.
$A(6|3|3)$, $S(4|0|6)$

513. Gegeben sind die Gerade g und der Punkt A. Stelle ein regelmäßiges Tetraeder dar, von dem A eine Ecke und g die Verbindungsgerade der Mitten zweier Gegenkanten ist.

514. Von einem regelmäßigen Tetraeder $ABCD$ sind die Ecke A und die Kantenlänge a gegeben. Die Ecken B, C und D sollen von einem gegebenen Punkte P gleiche Abstände haben. Stelle von den möglichen Tetraedern dasjenige dar, dessen Ecke B möglichst großen Abstand von der Grundrißebene hat.
$A(3|-3|4)$, $P(11|6|7)$; $a = 8$

515. Ein regelmäßiges Tetraeder $ABCD$ mit gegebener Kante AB soll so konstruiert werden, daß seine Ecken C und D
a) vom gegebenen Punkte P,
b) von der gegebenen Ebene α
gleiche Abstände haben.
$A(5|-4|2)$ $B(9|0|8)$
a) $P(5|8|8)$ b) α = zweitprojizierende Ebene durch
$U(0|-4|0)$ $V(0|6|5)$

†516. Gegeben sind die windschiefen Geraden g, h und die Ebene α. Suche ein regelmäßiges Tetraeder $ABCD$, von dem A in α, B auf g und die Höhe durch C auf h liegen.

†517. Gegeben sind eine erstprojizierende Gerade g und zwei Ebenen α und β. Stelle ein regelmäßiges Tetraeder $ABCD$ mit der vorgeschriebenen Kantenlänge a dar, von dem A in α, B in β und die Mitten der Kanten AC und BD auf g liegen.

†518. Stelle ein regelmäßiges Tetraeder dar, das aus einer ersten Hauptebene ein gegebenes gleichschenkliges Trapez $PQRS$ herausschneidet.
$P(3|1|4)$ $Q(5|5|4)$ $R(12|4|4)$ $S(8|-4|4)$

†519. Gegeben sind drei parallele Gerade a, b, c und eine Ebene δ. Konstruiere ein regelmäßiges Tetraeder, von dem je eine Ecke auf diesen Geraden und in der Ebene δ liegen soll. (Beachte Nr. 191.)

†520. Gegeben sind zwei windschiefe Gerade g und l. Stelle ein regelmäßiges Tetraeder dar, von dem zwei Ecken auf g, eine auf l und die vierte in der Grundrißebene liegen sollen.

521. Suche die Risse eines regelmäßigen Oktaeders mit dem gegebenen Mittelpunkt M, von dem eine Kante auf einer gegebenen Geraden g liegen soll.
$M(6|1|6)$, $g = P(0|-6|6)$ $Q(9|0|3)$

§ 18. Darstellung der Vielflache

522. Konstruiere in einer gegebenen Ebene ein gleichseitiges Dreieck und stelle dann ein regelmäßiges Oktaeder dar, von dem dieses Dreieck eine Seitenfläche ist. Wähle die Ebene auch speziell als dritte Hauptebene.

523. Zeichne in einer gegebenen Ebene α ein regelmäßiges Sechseck. Stelle ein regelmäßiges Oktaeder dar, welches aus α dieses Sechseck herausschneidet.

524. Schreibe dem in Aufgabe 507 gesuchten Tetraeder das regelmäßige Oktaeder ein.

525. Stelle ein regelmäßiges Oktaeder dar, von dem eine Diagonale AD gegeben ist und von dem eine Ecke in einer gegebenen Ebene β liegen soll.
$A(5|-2|2)\ D(8|4|6);\ \beta = P(0|-6|0)\ Q(3|7|0)\ R(3|0|5)$

526. Die gegebene Strecke AB ist eine Kante eines regelmäßigen Oktaeders, von dem eine dritte Ecke in einer gegebenen Ebene liegen soll. Stelle ein solches Oktaeder dar und weise nach, daß die Aufgabe acht Lösungen haben kann.

527. Stelle ein regelmäßiges Oktaeder mit vorgeschriebener Kantenlänge a dar, von dessen Diagonalen die ersten Spurpunkte gegeben sind. (Vgl. Nr. 445.)

528. Gegeben sind zwei parallele Gerade p, q und eine Ebene α. Konstruiere ein regelmäßiges Oktaeder, von dem zwei Ecken auf p, zwei Ecken auf q und eine weitere in α liegen sollen.

†529. Gegeben sind zwei windschiefe Gerade g, a und eine Ebene β. Suche ein regelmäßiges Oktaeder, von dem eine Diagonale EF auf g, eine Ecke A auf a und eine Ecke B in β liegen sollen.
a) AB soll eine Diagonale des Oktaeders sein.
b) AB soll eine Kante des Oktaeders sein.
$g = P(0|6|5)\ Q(6|0|5);\ a = U(4|0|0)\ V(0|-7|5);$
$\beta =$ erste Hauptebene mit $z = 9$

530. Gegeben sind eine Gerade g und ein Punkt A. Suche die Risse eines Würfels mit einer Ecke in A und einer Kante auf g. Wie viele Lösungen hat die Aufgabe?

531. Stelle einen Würfel mit gegebenem Mittelpunkt dar, von dem eine Kante auf einer gegebenen Geraden liegen soll.

532. Gegeben sind eine Gerade g und ein Punkt A. Konstruiere einen Würfel mit einer Ecke in A, von dem eine Körperdiagonale auf g liegen soll.
$A(4|4|3)$; $g = P(7|0|5)\ Q(7|6|9)$

533. Konstruiere einen Würfel, von dem eine Körperdiagonale AG gegeben ist und von dem eine Ecke in einer gegebenen Ebene liegen soll.

534. Stelle einen Würfel mit einer gegebenen Kante AB dar, von dem die Ebene einer zu AB parallelen, aber nicht durch AB gehenden Seitenfläche einen gegebenen Punkt P enthalten soll.
$A(6|0|8)\ B(4|-3|4)$; $P(6|4|3)$

†535. Gegeben sind vier nicht in einer Ebene liegende Punkte A, B, C, D. Konstruiere einen Würfel unter folgenden Bedingungen: Drei Kanten einer Seitenfläche oder deren Verlängerungen sollen je durch einen der Punkte A, B, C gehen; die Ebene der andern durch die vierte Kante gehenden Seitenfläche soll den Punkt D enthalten. Weise nach, daß im allgemeinen zwölf Lösungen möglich sind.

536. Schreibe dem in Aufgabe 507 gesuchten Tetraeder den Würfel um.

537. Konstruiere über einem in der Grundrißebene gegebenen Quadrat $ABCD$ den Würfel. Die über A, B, C, D liegenden Ecken seien A_1, B_1, C_1, D_1. Drehe den Würfel
a) um die Kante AB,
b) um die Flächendiagonale AC,
c) um die Flächendiagonale AB_1,
so daß die Ecke C_1 in die Aufrißebene zu liegen kommt.

538. Gegeben ist ein Würfel mit der Kantenlänge a, von dem zwei Seitenflächen in ersten Hauptebenen liegen. Trage von jeder Ecke aus auf den drei Kanten die gleiche Strecke d ab. Lege durch die erhaltenen drei Punkte die Ebene, schneide den Würfel mit diesen acht Ebenen und stelle den Restkörper dar.

a) $d = \dfrac{a}{2}$ b) $d = a$ c) $d = \tfrac{3}{4} a$

d) Wähle d so, daß der Restkörper von sechs regelmäßigen Achtecken und acht gleichseitigen Dreiecken begrenzt wird.

§ 18. Darstellung der Vielflache

539. Schreibe einem Würfel mit einer zweitprojizierenden Körperdiagonale
    a) ein regelmäßiges Ikosaeder,
    b) ein regelmäßiges Dodekaeder ein.

540. Konstruiere ein regelmäßiges Ikosaeder, das mit einer Seitenfläche auf der Grundrißebene steht. Stelle durch eine Drehung um eine zweitprojizierende Gerade einen allgemeinen Normalriß des Körpers her.

541. Zeichne ein regelmäßiges Dodekaeder mit einer erstprojizierenden Hauptdiagonale. Konstruiere durch Umprojizieren einen allgemeinen Normalriß des Körpers.

542. Errichte über einem gegebenen Dreieck als Grundfläche ein gerades Prisma von vorgeschriebener Höhe.

†543. Gegeben sind eine Ebene α und ein Dreieck $A_1 B_1 C_1$, das in einer ersten Hauptebene liegt. Konstruiere ein Prisma mit der Grundfläche $A_1 B_1 C_1$, welches aus α
    a) ein zum Dreieck $A_1 B_1 C_1$ kongruentes,
    b) ein gleichseitiges Dreieck oder
    c) ein zu einem gegebenen Dreieck ähnliches herausschneidet.

544. Stelle ein gerades Prisma mit quadratischer Grundfläche dar, von dem eine Körperdiagonale AB und die Richtung r der Seitenkanten gegeben sind.

545. Zeichne in einer gegebenen Ebene ein Rechteck. Stelle ein regelmäßiges sechsseitiges Prisma dar, von welchem das Rechteck eine Seitenfläche ist.

546. Von einem regelmäßigen fünfseitigen Prisma ist eine Seitenkante AB gegeben; eine weitere Ecke des Körpers soll auf einer gegebenen Geraden liegen. Stelle das Prisma dar.

547. Stelle das Tetraeder $ABCD$ dar. Bestimme sein Volumen
    a) aus der wahren Größe einer Seitenfläche und der zugehörigen Höhe,
    b) aus der Länge einer Kante und dem Normalriß des Tetraeders auf eine Normalebene zu dieser Kante.
    $A(6|-3|3)\ B(9|0|8)\ C(4|4|4)\ D(2|-1|5)$ (Volumen $= 26$)

548. Suche die Risse eines Tetraeders, von dem die Mittelpunkte W, X, Y, Z von vier Kanten gegeben sind. Wie viele Lösungen sind möglich?

549. Stelle ein Tetraeder dar, von dem die Schwerpunkte P, Q, R, S der Seitenflächen gegeben sind.

550. Stelle eine regelmäßige sechsseitige Pyramide dar, von der die Achse a, die Spitze S und eine Ecke A der Grundfläche gegeben sind.

551. In der Grundrißebene ist ein gleichschenkliges Dreieck ASB mit der Spitze S gegeben. Stelle eine regelmäßige vier-, fünf-, sechs- oder achtseitige Pyramide dar, von der das Dreieck eine Seitenfläche ist.

552. Die gegebenen Punkte A und B sind zwei Ecken der Grundfläche einer geraden quadratischen Pyramide, deren Spitze auf einer gegebenen Geraden g liegen soll. Stelle die Pyramide dar.
a) AB soll eine Diagonale,
b) AB soll eine Kante der Grundfläche sein.

†553. Von einer regelmäßigen sechsseitigen Pyramide sind die Grundrisse A', B', C' dreier aufeinanderfolgender Ecken der Grundfläche und der Aufriß S'' der Spitze gegeben. Stelle die Pyramide dar.
$A'(4|-4|0)$, $B'(5|-2|0)$, $C'(9|1|0)$; $S''(0|3|7)$

554. In der Aufrißebene ist ein gleichschenkliges Trapez ABB_1A_1 gegeben. Stelle einen regelmäßigen achtseitigen Pyramidenstumpf dar, von dem das Trapez eine Seitenfläche ist.

§ 19. Ebener Schnitt der Prismen und Pyramiden
99.–100.

555. Schneide ein auf der Grundrißebene stehendes schiefes Prisma mit einer zweitprojizierenden Ebene.

556. Gegeben sind ein auf der Aufrißebene stehendes schiefes Prisma und eine Gerade g. Konstruiere bei gegebener Lichtrichtung den Schatten, den g auf das Prisma wirft, den Eigenschatten des Prismas sowie die Schlagschatten des Prismas und der Geraden auf die Aufrißebene.

§ 19. Ebener Schnitt der Prismen und Pyramiden

557. Schneide ein auf der Grundrißebene stehendes schiefes Prisma mit einer gegebenen Ebene. Bestimme die Umklappung der Schnittfigur in die Grundrißebene; konstruiere bei gegebener Lichtrichtung den Schlagschatten der Schnittfigur auf die Grundrißebene; stelle den zwischen der Grundrißebene und der Schnittebene liegenden Körper mit seinen Eigen- und Schlagschatten dar. Welche Beziehungen bestehen zwischen je zwei der folgenden Figuren: Grundfläche, Grundriß der Schnittfigur, Umklappung der Schnittfigur und Schlagschatten der Schnittfigur?

558. Errichte über einem gegebenen Parallelogramm der Grundrißebene das gerade Prisma. Lege durch eine gegebene erste Hauptgerade h_1 eine Ebene, welche das Prisma
 a) in einem Rechteck,
 b) in einem Rhombus
schneidet. Stelle die Schnittfigur dar.

†559. Lege durch einen gegebenen Punkt eine Ebene, welche das in der vorhergehenden Aufgabe gegebene Prisma in einem Quadrat schneidet. (Beachte auch Nr. 190.)

560. Auf der gleichen Seitenkante eines dreiseitigen Prismas sind zwei Punkte A und B gegeben. Zeichne auf dem Prisma den kürzesten Weg von A nach B, der auch die andern Kanten schneidet.

†561. Gegeben sind ein schiefes Prisma mit der Grundfläche in der Grundrißebene und zwei windschiefe Gerade a und b. Lege durch a eine Ebene α und durch b eine Ebene β, welche α schneidet, so daß α und β aus dem Prisma kongruente Figuren herausschneiden.

562. Schneide das Tetraeder $ABCD$ mit dem Dreieck PQR unter Berücksichtigung der Sichtbarkeit.
 $A(9|0|2)\quad B(8|2|10)\quad C(2|4|6)\quad D(4|-5|7);\quad P(12|3|10)$
 $Q(1|6|2)\quad R(2|-4|5)$

563. Schneide eine Pyramide, die auf der Grundrißebene steht, mit einer zweitprojizierenden Ebene und konstruiere die wahre Gestalt der Schnittfigur.

564. Eine Pyramide ist durch die Spitze und die in der Grundrißebene liegende Grundfläche gegeben. Zeichne bei gegebener Lichtrichtung den Schatten einer gegebenen Geraden auf die Pyramide, den Eigenschatten der Pyramide sowie die Schlagschatten der Geraden und der Pyramide auf die Grundrißebene.

565. Gegeben sind eine dreiseitige Pyramide und auf einer ihrer Seitenkanten ein Punkt P. Lege durch P eine Ebene, welche aus dem Pyramidenmantel ein Dreieck mit möglichst kleinem Umfang herausschneidet. Welche Bedingung muß die Pyramide erfüllen, damit die Aufgabe lösbar ist?

566. Im Innern eines gegebenen Tetraeders ist ein Punkt P gegeben. Fasse die Seitenflächen des Tetraeders als Spiegel auf und konstruiere den Weg eines Lichtstrahls, der von P ausgeht und nach Reflexion an allen Seitenflächen wieder durch P geht. Löse die Aufgabe auch für ein regelmäßiges Tetraeder und wähle P in seinem Schwerpunkt.

§ 20. Zentrale Kollineation
101.–108.

Bemerkung: «Kollinear» heißt stets zentralkollinear. Die Aufgaben 567 bis 582 sind planimetrisch zu lösen.

567. Von einer Kollineation sind das Zentrum S und die beiden Gegenachsen q und r_1 gegeben. Konstruiere zu einem gegebenen Punkt A den entsprechenden A_1, ohne die Kollineationsachse zu benützen.

568. Gegeben sind die Punkte A, B, A_1, B_1 und C. Suche das Zentrum, die Achse und die Gegenachsen einer Kollineation, welche C festläßt, A in A_1 und B in B_1 überführt.

569. Eine Kollineation ist gegeben durch zwei Paare entsprechender Geraden a, a_1 und b, b_1 und ein Paar entsprechender Punkte A, A_1, wobei A auf a, A_1 auf a_1 liegt. Suche das Zentrum, die Achse und die Gegenachsen.

570. Eine Kollineation ist gegeben durch das Zentrum S, die Achse s und die Gegenachse q. Konstruiere die zu einem

Rechteck $ABCD$ kollineare Figur und schraffiere das Gebiet der Ebene, welches dem Innern des Rechtecks entspricht.
$A(0|0)$ $B(0|5)$ $C(3|5)$ $D(3|0)$; $S(1|1)$;
$s = CP(0|6)$; q durch $Q(0|3)$

571. Fasse ein beliebiges konvexes Viereck als kollineares Bild eines Quadrates auf. Denke dir das Quadrat in 16 kongruente Quadrate zerlegt. Konstruiere die entsprechende Zerlegung des Vierecks und setze das kollineare Bild dieses quadratischen Netzes über das Viereck hinaus fort. (Möbiussches Netz)

†572. Von einer Kollineation ist das Zentrum S gegeben. Bestimme die Achse und die Gegenachsen, so daß die Kollineation ein gegebenes Dreieck in ein gleichseitiges Dreieck mit vorgeschriebener Länge der Seiten überführt.

573. Gegeben sind ein Viereck $ABCD$ und eine Gerade g_1. Bestimme eine Kollineation, für welche das Bild des Vierecks ein Rechteck $A_1B_1C_1D_1$ ist, von dem die Seite A_1B_1 auf g_1 liegt.

574. Suche eine Kollineation, welche ein gegebenes Viereck $ABCD$ in einen Rhombus $A_1B_1C_1D_1$ mit einem Winkel von 60° überführt, so daß A_1 mit A zusammenfällt.

†575. Gegeben sind vier Punkte A, B, C und P. Suche eine Kollineation, welche A, B, C in die Ecken eines gleichseitigen Dreiecks mit vorgeschriebener Seitenlänge a und P in den Schwerpunkt dieses Dreiecks überführt.
a) $A(4|0)$, $B(6|6)$, $C(0|1)$; $P(3|1)$; $a = 2$
b) $A(2|0)$, $B(1|4)$, $C(4|2)$; $P(4|4)$; $a = 5$

†576. Gegeben sind fünf Punkte A, B, C, D, E. Suche eine Kollineation, welche A festläßt, A, B, C, D in die Ecken eines Rechtecks und E in einen Punkt des Umkreises dieses Rechtecks überführt.

†577. Gegeben sind fünf Gerade a, b, c, d, e. Suche eine Kollineation, in welcher die Bilder a_1, b_1, c_1, d_1, e_1 der Geraden folgende Bedingungen erfüllen: a_1, b_1, c_1, d_1 sollen die Seiten eines Rhombus sein, e_1 soll den Inkreis des Rhombus berühren.

578. Eine Kollineation ist durch das Zentrum S, die Achse s und ein Paar entsprechender Punkte A, A_1 gegeben. Diese Kollineation führe eine Figur F in die Figur F_1 über. Konstruiere zu F_1 die axialsymmetrische Figur F_2 bezüglich s. Weise nach, daß auch F und F_2 kollinear sind. Konstruiere das Zentrum und die Gegenachsen dieser Kollineation. Welche Lage haben diese Gegenachsen in bezug auf diejenigen der gegebenen Kollineation?

579. Setze analog wie in der vorhergehenden Aufgabe eine Kollineation mit der Zentralsymmetrie am Kollineationszentrum zusammen.

580. Von einer Kollineation mit der gegebenen Charakteristik λ kennt man zwei Paare entsprechender Geraden a, a_1 und b, b_1. Suche das Zentrum, die Achse und die Gegenachsen.

581. Von einer Kollineation mit der Charakteristik -1 sind die Achse und das Zentrum gegeben. Suche die Gegenachsen. Weise nach, daß in dieser Kollineation die beiden Felder vertauschbar sind, das heißt, aus $A = B_1$ folgt $A_1 = B$ (involutorische Kollineation).

†582. Führe durch eine Kollineation mit vorgeschriebener Charakteristik ein gegebenes Viereck in ein Quadrat über.

583. Schneide eine auf der Grundrißebene stehende Pyramide mit einer gegebenen Ebene. Klappe die Schnittfigur in die Grundrißebene um und konstruiere den Zentralschatten der Schnittfigur auf die Grundrißebene bei gegebener Lichtquelle. Zeige, daß der Grundriß, die Umklappung und der Schatten der Schnittfigur zur Leitfigur kollinear sind.

584. Gegeben ist ein prismatischer Körper mit der Grundfläche $ABCD$ und der zur Grundfläche parallelen Deckfläche $A_1B_1C_1D_1$. Konstruiere den Zentralschatten des Körpers auf die Grundrißebene bei der gegebenen Lichtquelle L.
$A(2|0|0)$ $B(1|-1|1)$ $C(3|-3|3)$ $D(5|-2|2)$;
$A_1(4|4|3)$; $L(0|4|10)$

585. Von einer beliebigen ebenen oder räumlichen Figur werden bei einer gegebenen Lichtquelle die Schatten auf die Rißebenen bestimmt. Beweise, daß zwischen den beiden Schat-

tenfiguren Kollineation besteht. Bestimme das Zentrum und die Gegenachsen.

586. Gegeben sind ein ebenes Viereck in allgemeiner Lage und eine Gerade. Bestimme auf der Geraden eine Lichtquelle, so daß der Schatten des Vierecks auf die Grundrißebene ein Trapez wird.

†587. In der Grundrißebene ist ein Viereck. $A_0 B_0 C_0 D_0$ gegeben; dieses Viereck ist der Zentralschatten eines Quadrates mit der gegebenen Seitenlänge a, das in einer (nicht bekannten) erstprojizierenden Ebene liegt. Konstruiere die Lichtquelle und stelle das Quadrat dar.
$A_0(5|0|0) \ B_0(11|9|0) \ C_0(2|8|0) \ D_0(2|1|0); \ a = 2$.

588. In einer Ebene α ist eine Figur gegeben. Konstruiere die Zentralschatten dieser Figur auf die Grundrißebene für zwei gegebene Lichtquellen L_1 und L_2. Beweise, daß zwischen den beiden Schatten Kollineation besteht. Bestimme das Zentrum, die Achse und die Gegenachsen.

§ 21. Durchdringung der Vielflache, insbesondere der Prismen und Pyramiden
109.–113.

589. Gegeben ist ein schiefes Prisma, dessen Grundfläche in der Aufrißebene liegt. Bestimme einen Punkt des Mantels, von dem der eine Riß gegeben ist. Löse die gleiche Aufgabe auch für eine Pyramide.

590. Schneide eine Gerade mit einem Prisma, dessen Grundfläche in der Aufrißebene liegt, unter Berücksichtigung der Sichtbarkeit. Löse die gleiche Aufgabe für eine Pyramide.

591. Durchdringe ein schiefes Prisma, dessen Grundfläche in der Grundrißebene liegt, mit einem Prisma, dessen Kanten erst- oder zweitprojizierend sind.

592. Über einem Vieleck der Aufrißebene stehen
a) zwei Prismen,
b) ein Prisma und eine Pyramide,
c) zwei Pyramiden.
Schneide ihre Mantelflächen miteinander.

593. Durchdringe zwei Prismen, deren Grundflächen $ABC\ldots$ und $GHI\ldots$ in der gleichen Rißebene liegen. Von den Prismen sind noch die Kanten AA_1 bzw. GG_1 gegeben. Stelle den Körper dar, welcher innerhalb beider Prismen liegt (Kernkörper), sowie den Teil jedes Prismas, der außerhalb des andern liegt (Restkörper).

a) $A(3|-3|0)$ $B(7|-8|0)$ $C(11|-5|0)$, $A_1(7|9|12)$;
$G(0|6|0)$ $H(3|3|0)$ $I(5|9|0)$, $G_1(8|1|10)$

b) $A(5|4|0)$ $B(1|5|0)$ $C(1|0|0)$ $D(4|1|0)$, $A_1(12|-3|8)$;
$G(1|-2|0)$ $H(4|-7|0)$ $I(7|-4|0)$, $G_1(3|6|8)$

c) $A(9|6|0)$ $B(6|8|0)$ $C(2|5|0)$ $D(4|2|0)$ $E(8|3|0)$,
$A_1(9|0|6)$;
$G(9|-3|0)$ $H(5|-1|0)$ $I(1|-4|0)$ $K(3|-8|0)$
$L(7|-7|0)$, $G_1 = A_1$

d) $A(0|4|11)$ $B(0|6|8)$ $C(0|3|4)$ $D(0|0|6)$ $E(0|1|10)$,
$A_1(10|-2|5)$;
$G(0|-4|11)$ $H(0|-7|9)$ $I(0|-5|5)$ $K(0|-1|8)$,
$G_1(8|4|7)$

594. Ein erstes Prisma ist durch die in der Grundrißebene liegende Grundfläche $ABC\ldots$ und eine Kante AA_1 gegeben. Ein zweites Prisma ist durch seine Grundfläche $GHI\ldots$ in der Aufrißebene und die Kante GG_1 gegeben. Schneide die beiden Flächen miteinander.
$A(3|-1|0)$ $B(1|-6|0)$ $C(5|-7|0)$ $D(5|-5|0)$,
$A_1(9|8|9)$;
$G(0|4|6)$ $H(0|8|5)$ $I(0|6|3)$ $K(0|2|3)$, $G_1(12|-2|10)$

595. Von einem Prisma und einer Pyramide sind die in der Grundrißebene liegenden Grundflächen $ABC\ldots$ und $GHI\ldots$ gegeben. Vom Prisma kennt man noch die Kante AA_1 und von der Pyramide die Spitze S. Schneide die beiden Flächen miteinander.
$A(9|0|0)$ $B(7|1|0)$ $C(4|-1|0)$ $D(7|-3|0)$, $A_1(11|9|11)$;
$G(0|7|0)$ $H(1|4|0)$ $I(9|8|0)$ $K(3|10|0)$, $S(13|0|12)$

596. Gegeben sind ein Prisma mit der Grundfläche $ABC\ldots$ in der Aufrißebene und eine Pyramide mit der Grundfläche $GHI\ldots$ in der Grundrißebene. Vom Prisma ist noch die

§ 21. Durchdringung der Vielflache

Kante AA_1 und von der Pyramide ist die Spitze S gegeben. Durchdringe die beiden Flächen.

a) $A(0|4|4)$ $B(0|3|1)$ $C(0|0|0)$ $D(0|-1|2)$ $E(0|1|5)$, $A_1(11|0|10)$;
$G(2|-2|0)$ $H(1|-5|0)$ $I(1|-8|0)$ $K(5|-9|0)$
$L(8|-7|0)$ $M(6|-3|0)$, $S(13|2|12)$

b) $A(0|3|2,5)$ $B(0|2,5|4,5)$ $C(0|0|3,5)$ $D(0|-1,5|1,5)$
$E(0|-0,5|0,5)$ $F(0|0,5|0,5)$, $A_1(15,5|-2,5|11)$;
$G(6|-8,5|0)$ $H(6,5|-5|0)$ $I(4,5|-2|0)$
$K(2,5|-1,5|0)$ $L(0,5|-4,5|0)$ $M(1|-8|0)$,
$S(10,5|1|12,5)$

597. Zwei Pyramiden sind durch ihre Spitzen S_1, S_2 und ihre in der gleichen Rißebene liegenden Grundflächen $ABC...$, $GHI...$ gegeben. Schneide die beiden Flächen miteinander.

a) $S_1(14|6|11)$, $A(2|-3|0)$ $B(4|-8|0)$ $C(9|-5|0)$;
$S_2(11|-6|11)$, $G(3|6|0)$ $H(5|1|0)$ $I(9|3|0)$ $K(9|8|0)$

b) $S_1(14|9|2)$, $A(0|-1|6)$ $B(0|-4|4)$ $C(0|0|2)$;
$S_2(8|1|-1)$, $G(0|7|10)$ $H(0|2|12)$ $I(0|5|3)$

598. Durchdringe eine Pyramide mit der in der Grundrißebene liegenden Grundfläche $ABC...$ und der Spitze S_1 und eine Pyramide mit der in der Aufrißebene liegenden Grundfläche $GHI...$ und der Spitze S_2.
$S_1(2|6|11)$, $A(0|-1|0)$ $B(2|-5|0)$ $C(6|-2|0)$;
$S_2(11|-7|2)$, $G(0|7|3)$ $H(0|2|5)$ $I(0|3|1)$

599. Gegeben sind ein ebenes Viereck $ABCD$ und eine Pyramide mit der Grundfläche $EFGHI$ in der Grundrißebene und der Spitze S. Konstruiere den Schatten des Vierecks auf die Pyramide und die Schatten beider Figuren auf die Grundrißebene bei gegebener Lichtrichtung $l = SS_0$.
$A(11|-3|8)$ $B(8|-4|8)$ $C(8|-6|7)$ $D(11|-5|7)$;
$E(10|-4|0)$ $F(10|0|0)$ $G(6|1|0)$ $H(4|-3|0)$ $I(7|-5|0)$;
$S(7|-2|10)$; $S_0(1|8|0)$

600. Eine Pyramide mit der in einer ersten Hauptebene liegenden Grundfläche $ABCDEFGH$ und der Spitze S ist gegeben. Betrachte nur den Pyramidenmantel; konstruiere den Schat-

ten, den der Rand auf das Innere dieses Mantels wirft bei einer Beleuchtung parallel zur gegebenen Geraden $l = PS$.
$A(5|-1|7)$ $B(7|-3|7)$ $C(10|-4|7)$ $D(12|-2|7)$
$E(13|0|7)$ $F(12|3|7)$ $G(8|4|7)$ $H(5|2|7)$;
$S(9|0|0)$, $P(10|-9|7)$

601. Gegeben sind zwei erstprojizierende Gerade a, b und zwei Punkte A, B. Konstruiere das regelmäßige Oktaeder mit einer Ecke in A und einer Diagonale auf a und das regelmäßige Oktaeder mit einer Ecke in B und einer Diagonale auf b. Durchdringe die beiden Oktaeder.
$a'(7|0|0)$, $b'(6|2|0)$; $A(11|3|7)$, $B(9|7|5)$

Dritter Abschnitt

Runde Strahlenflächen

§ 22. **Darstellung der Kreiszylinder und der Kreiskegel**

114.–116.

602. Von einem auf der Grundrißebene stehenden schiefen Kreiszylinderkörper sind die Mittelpunkte M und M_1 der Grund- und der Deckfläche und
 a) ein Punkt P des Mantels,
 b) eine Tangente t des Mantels
gegeben. Stelle den Körper dar.

603. Stelle einen geraden Kreiszylinderkörper mit gegebener Höhe dar, dessen Grundkreis durch drei gegebene Punkte geht.

604. Eine Drehzylinderfläche ist durch die Achse und den Radius gegeben. Bestimme zwei Leitkreise, von denen der eine die Grundrißebene und der andere die Aufrißebene berührt. Stelle den zwischen diesen Kreisen liegenden Zylinderkörper dar.

605. Stelle eine Drehzylinderfläche dar, von der folgende Elemente gegeben sind:
 a) eine Tangentialebene mit Berührungsmantellinie und ein Punkt;
 b) zwei Mantellinien und der Radius;
 c) drei Mantellinien;
 d) zwei Mantellinien und eine Tangente;
 e) drei Punkte und die Achsenrichtung;
 f) zwei Tangentialebenen und ein Punkt;
 g) eine Mantellinie, eine Tangente und ein Punkt.
Beachte, dass alle diese Aufgaben durch Umprojizieren auf planimetrische Aufgaben zurückgeführt werden können.

606. Gegeben sind eine Gerade m, ein Punkt P und eine Drehzylinderfläche. Stelle eine zweite Drehzylinderfläche dar, welche die gegebene berührt und durch m und P geht.

607. Zwei windschiefe Gerade a und b sind gegeben. Stelle einen Drehzylinderkörper mit gegebenem Radius dar, dessen Grundkreis a und dessen Deckkreis b berühren soll.

608. Eine Kreiszylinderfläche ist durch die Achse und einen Leitkreis gegeben. Bestimme auf der Fläche einen Punkt, von dem der eine Riß gegeben ist.
609. Eine Kreiskegelfläche ist durch ihren in der Grundrißebene liegenden Leitkreis und die Spitze gegeben. Suche die Umrißmantellinien und bestimme einen Punkt der Fläche, von dem der eine Riß gegeben ist.
610. Stelle eine Kreiskegelfläche dar, welche die Aufrißebene in einem Kreise schneidet, wenn die Spitze und
 a) drei Punkte,
 b) eine Tangente und zwei Punkte oder
 c) drei Tangenten gegeben sind.
611. Eine in der Grundrißebene liegende Ellipse ist durch zwei konjugierte Durchmesser gegeben. Stelle eine Kegelfläche mit vorgeschriebener Spitze und der gegebenen Ellipse als Leitkurve dar.
612. Eine Drehkegelfläche ist durch die Spitze S, die Achse a und den halben Öffnungswinkel α gegeben. Stelle die Fläche dar. Bestimme einen Punkt der Fläche, von dem der eine Riß gegeben ist. Welche Beziehung muß zwischen α und den Neigungswinkeln von a bestehen, damit die Fläche erste und zweite Umrißmantellinien hat?
613. Stelle einen gleichseitigen Drehkegelkörper mit der gegebenen Achse SM dar.
 $S\,(9\mid 4\mid 12)\quad M\,(5\mid -2\mid 6)$
614. Stelle einen längs der gegebenen Strecke SA auf der Grundrißebene liegenden Drehkegelkörper dar, von dem noch
 a) der halbe Öffnungswinkel α,
 b) die Höhe h,
 c) ein Punkt B der Ebene des Grundkreises
 gegeben ist.
615. Von einem Drehkegelkörper, der beide Rißebenen berühren soll, sind die auf der Rißachse liegende Spitze, der halbe Öffnungswinkel und die Höhe gegeben. Stelle den Körper dar.
616. Von einer Drehkegelfläche, deren Achse zur Grundrißebene parallel sein soll, sind zwei Mantellinien SA und SB gegeben.

Suche die Achsen und die Öffnungswinkel der möglichen Flächen und stelle diejenige mit dem kleinern Öffnungswinkel dar. $S(3|4|6\ )$, $A(6|-4|4)$, $B(13|-4|12)$

†617. Stelle eine Drehkegelfläche dar, von welcher die folgenden Elemente gegeben sind:
a) drei Mantellinien;
b) drei Tangentialebenen;
c) zwei Tangentialebenen und die Berührungsmantellinie der einen;
d) zwei Mantellinien und eine Tangentialebene;
e) zwei Tangentialebenen und eine Mantellinie.

618. Stelle zwei Kegelräder dar, deren sich schneidende Achsen a_1 und a_2 gegeben sind, wenn das Übersetzungsverhältnis $\omega_1:\omega_2$ vorgeschrieben ist.

619. Stelle einen Drehkegelkörper dar, von dem ein Durchmesser AB des Grundkreises gegeben ist und dessen Spitze auf einer gegebenen Geraden g liegen soll.
$A(5|5|10)\ B(12|2|4)$; $g = P(0|0|3)\ Q(7|-7|6)$

620. Gegeben sind zwei sich schneidende Gerade a, b und eine zu a und b windschiefe Gerade g. Stelle einen Drehkegelkörper dar, von dem eine Mantellinie auf a und eine auf b liegt und dessen Leitkreisebene g enthält.
$a = S(1|5|9)\ A(7|-5|9)$; $b = SB(5|-5|-1)$;
$g = P(10|0|7)\ Q(6|-6|11)$

621. Gegeben sind ein auf der Grundrißebene stehender Drehkegelkörper und eine Ebene α. Konstruiere durch Umprojizieren die wahre Gestalt des Normalrisses des Körpers auf α.

§ 23. Tangentialebenen der Kreiszylinder und Kreiskegel
117.–120.

622. Eine Zylinderfläche mit Leitkreis in der Grundriß- oder in der Aufrißebene ist gegeben. Konstruiere die Tangentialebenen an die Fläche
a) in einem gegebenen Punkt der Fläche,
b) durch einen gegebenen Punkt außerhalb der Fläche,

c) parallel zu einer gegebenen Geraden,
d) normal zu einer gegebenen Ebene.

623. Eine Drehzylinderfläche ist durch die Achse a und einen Punkt P gegeben. Konstruiere die Tangentialebenen an die Fläche
a) in P,
b) durch einen gegebenen Punkt Q außerhalb der Fläche,
c) parallel zu einer gegebenen Geraden g.

624. Lege durch einen gegebenen Punkt P eine Ebene, welche von einer gegebenen Geraden g den vorgeschriebenen Abstand r hat.

625. Von einem schiefen Kreiszylinderkörper sind der in der Grundrißebene liegende Grundkreis und die Richtung der Mantellinien gegeben. Bestimme seine Höhe, so daß der Deckkreis die Aufrißebene berührt. Stelle den Körper mit seinem Eigenschatten und seinem Schlagschatten auf die Rißebenen für gegebene parallele Beleuchtung dar.

626. Stelle einen Drehzylinderkörper mit der gegebenen Achse AB und dem gegebenen Radius r dar; konstruiere seinen Eigenschatten und seinen Schlagschatten auf die Grundrißebene für eine Beleuchtung parallel zur gegebenen Geraden l.
$A(3|2|9)\ B(6|-4|4);\ r=3;\ l=AA_0(10|7|0)$

627. Gegeben sind zwei windschiefe Gerade g, a und ein Punkt A. Bestimme in der Ebene (A, a) eine Gerade mit vorgeschriebenem kürzestem Abstand r von g, welche
a) durch A geht,
b) zu a parallel ist.

628. Gegeben sind ein Punkt P und zwei windschiefe Gerade a und b. Lege durch P eine Gerade, welche von a und b vorgeschriebene kürzeste Abstände hat.

629. Suche eine gemeinsame Transversale zweier gegebener windschiefer Geraden, welche von zwei gegebenen parallelen Geraden vorgeschriebene kürzeste Abstände hat.

630. Gegeben sind drei Gerade a, b und c, von denen a und c parallel sind. Drehe b um c, bis sie von a den vorgeschriebenen kürzesten Abstand r hat.

§ 23. Tangentialebenen der Kreiszylinder und Kreiskegel

631. Gegeben sind zwei schiefe Kreiszylinderflächen mit den Leitkreisen k_1, k_2 und den Achsen a_1, a_2. Konstruiere Linie und Länge des kürzesten Abstandes der beiden Flächen.
 a) k_1 und k_2 in der Grundrißebene: $M_1(4|6|0)$, $r_1 = 2$; $M_2(10|-5|0)$, $r_2 = 2$; $a_1 = M_1 A(1|0|3)$; $a_2 = M_2 B(8|0|6)$
 b) k_1 in der Grundrißebene: $M_1(10|-4|0)$, $r_1 = 2$; $a_1 = M_1 A(10|0|7)$; k_2 in der Aufrißebene: $M_2(0|5|4)$; $r_2 = 3$; $a_2 = M_2 B(3|0|9)$

632. Gegeben sind zwei windschiefe Gerade g, l und eine Ebene α. Konstruiere eine zu α parallele Transversale von g und l, auf welcher die zwischen g und l liegende Strecke möglichst kurz ist.
$g = P(2|-2|5)\ Q(8|2|0)$; $l = R(3|3|0)\ S(2|6|5)$;
$\alpha =$ drittprojizierende Ebene durch $A(9|0|0)$ und $B(0|0|3)$.

633. Eine Kreiskegelfläche ist durch die Spitze und einen in einer Rißebene liegenden Leitkreis gegeben. Konstruiere ihre Tangentialebenen
 a) in einem Punkt der Fläche,
 b) durch einen Punkt außerhalb der Fläche,
 c) parallel zu einer gegebenen Geraden.

634. Konstruiere für einen auf der Grundrißebene stehenden schiefen Kreiskegelkörper die Eigenschattengrenze und die Schlagschatten auf die Rißebenen bei gegebener paralleler oder zentraler Beleuchtung.

635. Lege an eine durch die Achse, die Spitze und den halben Öffnungswinkel gegebene Drehkegelfläche die Tangentialebenen
 a) durch einen gegebenen Punkt,
 b) parallel zu einer gegebenen Geraden.

636. Stelle den durch Drehung eines gegebenen Dreiecks ABC um die Gerade AB entstehenden Doppelkegel dar. Bestimme seinen Eigenschatten bei einer Beleuchtung parallel zur gegebenen Geraden l.
$A(2|-4|2)\ B(6|5|9)\ C(7|0|7)$; $l = A A_0(9|0|1)$

637. Gegeben sind eine Ebene α und eine Gerade g. Lege durch g eine Ebene, welche α unter einem Winkel von 60° schneidet. (Beachte Nr. 439.)

638. Lege an eine Drehkegelfläche mit der erstprojizierenden Achse a, der Spitze S und dem halben Öffnungswinkel α zwei Tangentialebenen, welche sich unter dem vorgeschriebenen Winkel ω schneiden. Für welche Werte von ω gibt es solche Ebenen. Bestimme den geometrischen Ort der Schnittgeraden dieser Ebenen. Für welchen Wert von ω ist der Ort eine Ebene?

639. Stelle einen Kreis dar, von dem ein Durchmesser AB gegeben ist, wenn der Aufriß des Kreises eine Ellipse mit dem Achsenverhältnis 5 : 3 sein soll.

640. Gegeben sind zwei windschiefe Gerade g und l. Lege durch g eine Ebene, welche l unter einem vorgeschriebenen Winkel φ schneidet, und bestimme den Schnittpunkt.
$g = A(5|0|0)\ B(7|6|8);\ l = C(5|0|5)\ D(0|7|5);\ \varphi = 60°$

641. Lege an eine gegebene schiefe Kreiszylinderfläche mit Leitkreis in der Grundrißebene eine Tangentialebene, von der der erste oder der zweite Neigungswinkel vorgeschrieben ist.

642. Gegeben sind zwei windschiefe Gerade a und g. Konstruiere eine Parallelebene zu a, welche von a den gegebenen Abstand r hat und g unter dem vorgeschriebenen Winkel φ schneidet.

643. Lege durch einen gegebenen Punkt an eine Drehkegelfläche eine Tangente, welche
  a) eine gegebene Gerade schneidet,
  b) von der Kegelspitze einen vorgeschriebenen Abstand hat,
  c) die Mantellinie durch den Berührungspunkt unter einem vorgeschriebenen Winkel schneidet,
  d) von der Kegelachse einen vorgeschriebenen kürzesten Abstand hat.

644. Gegeben sind eine Drehkegelfläche mit erstprojizierender Achse und zwei windschiefe Gerade g und l. Lege an die Kegelfläche eine zu g parallele Tangente, welche von l einen vorgeschriebenen kürzesten Abstand hat.

645. Konstruiere Linie und Länge des kürzesten Abstandes einer Geraden g von einer Kreiskegelfläche.
   a) Drehkegelfläche: Spitze $S(4|0|6)$, Achse erstprojizierend, halber Öffnungswinkel $\alpha = 30°$; $g = A(12|2|0)\ B(4|6|6)$
   b) Leitkreis in der Grundrißebene: $M(5|0|0)$, $r = 3$; Spitze $S(10|-4|8)$; $g = A(5|4|11)\ B(9|8|2)$

†646. Gegeben sind zwei Kreiskegelflächen mit den Spitzen S_1, S_2 und den in der Grundrißebene liegenden Leitkreisen k_1, k_2. Konstruiere Linie und Länge des kürzesten Abstandes der beiden Flächen.
$S_1(4|4|9)$, $k_1: M_1(4|4|0)$, $r_1 = 3$;
$S_2(9|2|7)$, $k_2: M_2(6|-6|0)$, $r_2 = 3$

†647. Gegeben sind zwei windschiefe Gerade $a = AP$ und $b = BQ$. Bestimme zwei kongruente Drehkegelflächen mit den Achsen a bzw. b und den Spitzen A bzw. B, welche sich berühren. Konstruiere die Öffnungswinkel und den Berührungspunkt und stelle die Flächen dar.
$A(3|-4|7)\ P(12|7|4)$; $B(1|7|2)\ Q(5|0|12)$

†648. Eine Drehkegelfläche und zwei sich schneidende Gerade sind gegeben. Suche die Kegeltangenten, welche die gegebenen Geraden unter gleichen Winkeln schneiden. Wie viele Lösungen hat die Aufgabe?

§ 24. Ebener Schnitt des Kreiszylinders
121.–127.

649. Auf einer Drehzylinderfläche mit zweitprojizierender Achse sind zwei Punkte A und B gegeben. Stelle die kürzeste auf der Fläche liegende Verbindung von A und B dar und konstruiere an diese Kurve die Tangenten in A und B.

650. Wickle ein Rechteck mit den Seiten g und h zu einer Drehzylinderfläche mit der Höhe h auf. Die Achse der Fläche soll eine zweite Hauptgerade mit dem ersten Neigungswinkel α sein. Stelle die Fläche mit der Aufwicklung einer Rechteckdiagonale dar, wenn
a) $\operatorname{tg} \alpha > \dfrac{h}{g}$, b) $\operatorname{tg} \alpha = \dfrac{h}{g}$ oder c) $\operatorname{tg} \alpha < \dfrac{h}{g}$ ist.

651. Schneide einen geraden Kreiszylinder, dessen Leitkreis in der Grundrißebene liegt, mit einer zweitprojizierenden Ebene und konstruiere das Netz des zwischen der Grundrißebene und der Schnittebene liegenden Zylinderkörpers.

652. Eine Kreiszylinderfläche ist durch den in der Grundrißebene liegenden Leitkreis k_0 und die Achse gegeben. Schneide die Fläche mit einer gegebenen Ebene; konstruiere von der Schnittkurve k die Umklappung $k°$ in die Grundrißebene und den Schlagschatten k_1 auf die Grundrißebene bei gegebener Parallelbeleuchtung. Untersuche die Beziehungen, welche zwischen je zwei der Figuren k_0, k', $k°$, k_1 bestehen.

653. Gegeben ist eine schiefe Kreiszylinderfläche durch den Leitkreis k_0 in der Aufrißebene und die Achse a. Stelle den Wechselschnitt zu k_0 dar, dessen Mittelpunkt in einem gegebenen Punkte P von a liegt. Konstruiere die Abwicklung der zwischen den beiden Kreisen liegenden Mantelfläche.

654. Gegeben sind ein auf der Grundrißebene stehender schiefer Kreiszylinderkörper und eine Gerade g. Konstruiere für gegebenes paralleles oder zentrales Licht den Schatten, den g auf den Zylinder wirft, den Eigenschatten des Zylinders und die Schlagschatten des Zylinders und der Geraden auf die Grundrißebene.

655. Eine Drehzylinderfläche ist durch die Achse a und eine Tangente t gegeben. Suche bei einer gegebenen Lichtrichtung l den Schatten, den t auf die Fläche wirft.
$a = A(8|-4|1)\ B(3|6|11);\ t = P(2|-6|10)\ Q(10|0|8);$
$l = QR(13|6|0)$

†656. In der Grundrißebene ist eine Ellipse durch zwei konjugierte Durchmesser gegeben. Diese Ellipse ist die Leitkurve eines geraden Zylinders. Lege durch einen gegebenen Punkt eine Ebene, welche aus dem Zylinder einen Kreis schneidet und stelle diesen Kreis dar. (Vergleiche auch Nr. 189.)

†657. Eine in der Grundrißebene durch ihre Achsen AB und CD gegebene Ellipse soll der Parallelschatten eines Kreises sein, von dem der Mittelpunkt M gegeben ist. Stelle den Kreis dar.

§ 24. Ebener Schnitt des Kreiszylinders

658. Stelle eine Drehzylinderfläche dar, welche aus der Aufrißebene eine durch ihre Achsen gegebene Ellipse herausschneidet.

659. Eine Drehzylinderfläche ist durch die Achse x und einen Punkt P des Mantels gegeben. Lege durch eine gegebene Gerade g eine Ebene, welche aus der Fläche eine Ellipse mit vorgeschriebener Länge $2a$ der großen Achse herausschneidet. Stelle den Zylinder und die Ellipse dar.
$x = A(5|0|6)\ B(5|6|10);\ P(3|-3|7);\ g = AP;\ a = 6$

660. Auf einer gegebenen Drehzylinderfläche sind zwei Punkte A und P gegeben. Konstruiere eine auf der Fläche liegende Ellipse, welche durch A und P geht, so daß A
 a) ein Hauptscheitel,
 b) ein Nebenscheitel
der Ellipse ist.

†661. Eine schiefe Kreiszylinderfläche, die aus der Grundrißebene einen Kreis schneidet, ist durch die Achse $a = PM$ und einen Punkt A des Mantels gegeben. Konstruiere eine auf der Fläche liegende Ellipse, von der MA eine Halbachse sein soll.
$P(8|-4|0)\ M(5|2|4),\ A(6|5|7)$

†662. Eine schiefe Kreiszylinderfläche mit Leitkreis in der Grundrißebene und zwei Punkte A und P dieser Fläche sind gegeben. Konstruiere eine auf der Fläche liegende Ellipse, die durch A und P geht, und von welcher A ein Scheitel sein soll. (Anleitung: Suche zuerst den Punkt, in welchem die nicht durch A gehende Ellipsenachse die Gerade AP schneidet, und bestimme dann den Mittelpunkt der Ellipse.)

663. Die Punkte M_1 und M_2 sind die Mittelpunkte der in ersten Hauptebenen liegenden Randkreise eines schiefen Kreiszylinderkörpers, von dessen Mantelfläche noch ein Punkt P gegeben ist. Lege durch P eine Ebene, welche die beiden Kreise berührt, und stelle ihren Schnitt mit dem Zylinder dar.
$M_1(5|-2|0),\ M_2(8|4|8),\ P(10|-1|6)$

§ 25 und 26. Ebener Schnitt des Kreiskegels
128.–139.

664. Schreibe einem Halbkreis den größtmöglichen Kreis ein. Wickle den Halbkreis zu einem Drehkegel auf, der auf der Grundrißebene steht. Stelle die Aufwicklung des Kreises dar und konstruiere die zweiten Umrißpunkte dieser Kurve sowie ihre Tangente in einem allgemeinen Punkt.

665. Auf einer gegebenen Drehkegelfläche mit erstprojizierender Achse und dem Öffnungswinkel 30° ist ein Punkt P gegeben. Konstruiere die auf der Fläche liegende Kurve von minimaler Länge, welche von P ausgeht und, nachdem sie alle Mantellinien geschnitten hat, wieder nach P zurückkehrt. Errichte in allen Punkten dieser Kurve die Normalen zur Kegelfläche und trage auf ihnen vom Fußpunkt aus eine gegebene Strecke nach außen ab. Stelle den so entstehenden Kragen dar.

666. Konstruiere das Netz eines auf der Grundrißebene stehenden schiefen Kreiskegelkörpers.

667. Gegeben sind eine Ebene α und ein in α liegender Punkt P. Lege in α eine durch P gehende Gerade mit vorgeschriebenem erstem oder zweitem Neigungswinkel.

668. Eine Gerade g und ein Punkt P sind gegeben. Bestimme eine durch P gehende Normale zu g mit vorgeschriebenem erstem Neigungswinkel.

669. Von einem Winkel von 45° sind die Grundrisse beider und der Aufriß des einen Schenkels gegeben. Bestimme den Aufriß des zweiten Schenkels.

670. Stelle eine Drehkegelfläche dar, von der eine Mantellinie und der halbe Öffnungswinkel gegeben sind und deren Achse in einer gegebenen Ebene liegen soll.

†671. Konstruiere eine Gerade, welche zwei gegebene windschiefe Gerade g und l je unter einem Winkel von 30° schneidet.
$g = A(7|3|0)\ B(7|-4|7);\ l = C(2|-4|7)\ D(7|0|3)$

672. Gegeben sind zwei Ebenen α, β und ein Punkt P. Lege durch P eine zu α parallele Gerade, welche β unter einem vorgeschriebenen Winkel φ schneidet.

673. Ein auf der Grundrißebene stehender schiefer Kreiskegel und ein Punkt P sind gegeben. Lege durch P eine Kegeltangente mit vorgeschriebenem erstem Neigungswinkel.

674. Gegeben sind eine Ebene α und eine Gerade g. Suche in α eine Gerade mit vorgeschriebenem erstem Neigungswinkel, welche von g einen gegebenen kürzesten Abstand hat.

675. Gegeben sind zwei windschiefe Gerade $a = AB$ und $b = PQ$. Lege durch A eine Gerade, welche mit a den gegebenen Winkel α einschließt und von b den vorgeschriebenen kürzesten Abstand r hat. $A(9|-3|7)\ B(7|3|1)$; $P(9|5|5)\ Q(3|-5|5)$; $\alpha = 30°$, $r = 3$

676. Gegeben sind zwei zur Grundrißebene parallele Kreise und ein Punkt. Lege durch den Punkt eine Gerade, welche beide Kreise schneidet.

677. Schneide eine schiefe Kreiskegelfläche, deren Leitkreis in der Grundrißebene liegt, mit einer zweitprojizierenden Ebene.

678. Eine schiefe Kreiskegelfläche ist gegeben durch die Spitze S und den in der Aufrißebene liegenden Leitkreis mit dem Mittelpunkt M; M und S sollen in der gleichen ersten Hauptebene liegen. Schneide die Fläche mit einer ersten Hauptebene. Bestimme die Asymptoten und die Scheitel der Schnittkurve.

679. Schneide eine gegebene Drehkegelfläche mit erstprojizierender Achse mit einer Normalebene zu einer Mantellinie. Beachte die drei Fälle, wo der halbe Öffnungswinkel kleiner, gleich oder größer als 45° ist.

680. Schneide eine durch die Achse, die Spitze und den halben Öffnungswinkel gegebene Drehkegelfläche mit den Rißebenen.

681. Von einer Drehkegelfläche, welche die Grundrißebene berührt, ist die Achse gegeben. Schneide die Fläche mit einer ersten Hauptebene.

682. Ein auf der Grundrißebene stehender Drehkegelkörper ist durch die Spitze S und eine Tangente t gegeben. Konstruiere bei einer Beleuchtung parallel zur gegebenen Geraden l den Eigenschatten des Körpers, seinen Schlagschatten auf die

Grundrißebene sowie den Schatten von t auf den Körper und die Grundrißebene.

$S(7|0|7)$; $t = P(10|0|4) Q(5|-7|0)$; $l = SS_0(1|9|0)$

683. Eine Drehkegelfläche ist durch die Spitze S, die Achse a und einen Punkt A gegeben. Lege durch A eine Ebene, welche aus der Fläche eine Parabel mit dem Scheitel A herausschneidet. Stelle die Parabel dar.

$S(2|5|5)$; $a = SP(5|0|5)$; $A(3|0|7)$

684. Auf einer schiefen Kreiskegelfläche mit einem Leitkreis in der Grundrißebene sind zwei Punkte A und B gegeben. Konstruiere eine auf der Fläche liegende Parabel, welche durch A und B geht.

†685. Gegeben ist eine schiefe Kreiskegelfläche durch die Spitze S und den in einer ersten Hauptebene liegenden Leitkreis k; ferner ist auf der Fläche ein Punkt P gegeben. Lege durch P eine Ebene, welche die Fläche in einer Parabel schneidet, die k berührt. Für welche Punkte P ist die Aufgabe lösbar?

686. Gegeben sind eine Gerade g und eine Drehkegelfläche mit der Spitze S und dem halben Öffnungswinkel $60°$, deren Achse zur Grundrißebene normal steht. Lege durch g eine Ebene, welche die Fläche in einer gleichseitigen Hyperbel schneidet (Asymptotenwinkel $90°$). Stelle die Schnittkurve dar. Für welche Werte des ersten Neigungswinkels von g ist die Aufgabe lösbar?

687. Gegeben sind eine Ebene α und ein in der Aufrißebene liegender Kreis k. Bestimme die Spitze einer geraden Kegelfläche mit k als Leitkreis, welche α in einer Parabel schneidet. Stelle die Parabel dar.

688. Gegeben ist eine Gerade $a = SA$. Stelle eine Drehkegelfläche mit der Spitze S und der Achse a dar, welche die Grundrißebene in einer Hyperbel mit dem Asymptotenwinkel $60°$ schneidet. Zeichne auch die Hyperbel.

$S(6|0|2)$ $A(9|6|5)$

689. Eine Gerade g und ein zur Grundrißebene paralleler Kreis sind gegeben. Bestimme auf g eine Lichtquelle, für welche der Aufrißschatten des Kreises eine Parabel ist, und zeichne die Parabel.

§ 25 und § 26. Ebener Schnitt des Kreiskegels

†690. In einer erstprojizierenden Ebene ist ein Kreis k gegeben, welcher die Grundrißebene berührt. Bestimme eine Lichtquelle, für welche der Schatten von k auf der Grundrißebene
 a) eine Parabel ist, von der ein Punkt und die Tangente in diesem Punkt gegeben sind,
 b) eine Hyperbel ist, von der die eine Asymptote und die Richtung der andern gegeben sind.
Konstruiere den Schatten des Kreises.

†691. Suche den geometrischen Ort der Lichtquellen, für welche der Grundrißschatten des in der vorhergehenden Aufgabe gegebenen Kreises eine gleichseitige Hyperbel ist.

†692. Gegeben ist ein Kreis durch seine Ebene, seinen Mittelpunkt und seinen Radius. Suche in einer gegebenen ersten Hauptebene eine Lichtquelle, für welche der Schatten des Kreises auf die Grundrißebene ein Kegelschnitt mit vorgeschriebenem Mittelpunkt ist.

693. Bestimme eine Drehkegelfläche mit gegebener Spitze S, welche aus der Grundrißebene eine Parabel herausschneidet,
 a) von welcher der Scheitel A gegeben ist,
 b) welche durch den gegebenen Punkt P geht und deren Tangente in P parallel zur Rißachse ist.
 a) $S(2|3|4)$, $A(5|0|0)$
 b) $S(1|-6|6)$, $P(4|0|0)$

†694. Gegeben sind eine Drehkegelfläche mit erstprojizierender Achse und ein Punkt P innerhalb der Fläche. Lege durch P eine Ebene, deren Schnittkurve mit der Fläche in P einen Brennpunkt hat. Stelle die möglichen Schnittkurven dar. Untersuche, für welche Lagen von P
 a) beide Schnittkurven Ellipsen sind,
 b) die eine Schnittkurve eine Parabel ist,
 c) die eine Schnittkurve eine Hyperbel ist.

†695. Eine in einer ersten Hauptebene liegende Ellipse ist durch ihre Achsen gegeben. Suche den geometrischen Ort der Spitzen aller Drehkegelflächen, welche durch diese Ellipse gehen, und stelle den Ort dar (Fokalkegelschnitte). Welche Bedeutung haben die Achsen der gesuchten Kegelflächen?

†696. In der Grundrißebene ist eine Ellipse durch ihre Achsen gegeben. Stelle eine Drehkegelfläche mit gegebenem halbem Öffnungswinkel dar, welche durch diese Ellipse geht.

697. Gegeben sind ein runder Spiegel mit dem Randkreis k und eine Lichtquelle L. Zeichne den Lichtfleck, der auf der Grundrißebene durch die am Spiegel reflektierten Lichtstrahlen entsteht.
k: Ebene $= A(1|8|4)\ B(5|-4|0)\ M(5|0|4)$,
Mittelpunkt $= M$, $r = 3$; $L(9|8|9)$

†698. Von einer schiefen Kreiskegelfläche, welche die Grundrißebene in einem Kreise schneidet, sind die Spitze S und drei Punkte A, B und P gegeben. Lege durch P eine Ebene, so daß ihre Schnittkurve mit der Kegelfläche die Mantellinien SA und SB orthogonal schneidet.
$S(11|1|8)$; $A(3|0|0)$, $B(6|-7|0)$, $P(5|-3|3)$

Das kollineare Bild des Kreises. Kegelschnittkonstruktionen

699. Eine Kollineation ist durch das Zentrum S, die Achse s und die Gegenachse q gegeben. Konstruiere die dem gegebenen Kreise $k = (M,r)$ entsprechende Figur k_1. Bestimme insbesondere die Scheitel und die allfälligen Asymptoten von k_1.
a) $S(7|-3)$, $s = y$-Achse, q durch $Q(9|0)$; $M(2|0)$, $r = 4$
b) $S(8|-4)$, $s = y$-Achse, q durch $Q(-4|0)$; $M(5|0)$, $r = 5$
c) $S(9|4)$, $s = y$-Achse, q durch $Q(7|0)$; $M(4|0)$, $r = 3$
d) $S(0|4)$, $s = y$-Achse, q durch $Q(4|0)$; $M(0|0)$, $r = 4$
e) $S(2,5|2)$, $s = y$-Achse, q durch $Q(4|0)$; $M(4|0)$, $r = 3$
f) $S(2|-2)$, $s =$ Parallele zur y-Achse durch $A(-3|0)$, $q = y$-Achse; $M(-2|0)$, $r = 3$
g) $S(8|0)$, $s = y$-Achse, q durch $Q(4|0)$; $M(-2|0)$, $r = 2\sqrt{5}$

700. Von einer Kollineation sind die Achse s und die Gegenachsen q und r_1 gegeben. Bestimme das Zentrum so, daß das Bild eines gegebenen Kreises $k = (M,r)$ eine Hyperbel mit dem vorgeschriebenen Asymptotenwinkel ω wird.
$M(-4|0)$, $r = 3$; $s = y$-Achse, q durch M, r_1 durch $P(2|0)$; $\omega = 60°$

701. Von einem Kegelschnitt sind
   a) drei Punkte und zwei Tangenten,
   b) zwei Punkte und drei Tangenten,
   c) zwei Punkte, zwei Tangenten und der Berührungspunkt der einen,
   d) zwei Tangenten, zwei Punkte und die Tangente in einem dieser Punkte

   gegeben. Suche einen Kreis und eine Kollineation, welche den Kreis in den Kegelschnitt überführt. Konstruiere dann weitere Elemente des Kegelschnitts, insbesondere seine Achsen und allfälligen Asymptoten.

702. Konstruiere eine Parabel, von der folgende Elemente gegeben sind:
   a) zwei Punkte und zwei Tangenten;
   b) drei Punkte und eine Tangente;
   c) drei Punkte und die Tangente in einem dieser Punkte;
   d) ein Punkt, zwei Tangenten und der Berührungspunkt der einen;
   e) die Richtung der Achse, zwei Punkte und eine Tangente;
   f) die Richtung der Achse, ein Punkt und zwei Tangenten.

703. Konstruiere eine Hyperbel, von welcher die folgenden Elemente gegeben sind:
   a) eine Asymptote, zwei Punkte und eine Tangente;
   b) eine Asymptote, ein Punkt und zwei Tangenten;
   c) die Richtungen der Asymptoten, zwei Tangenten und ein Punkt;
   d) die Richtungen der Asymptoten und drei Tangenten;
   e) die Richtung einer Asymptote, zwei Punkte und zwei Tangenten;
   f) die Richtung einer Asymptote, ein Punkt und drei Tangenten.

†704. Von einer Hyperbel mit dem vorgeschriebenen Asymptotenwinkel ω sind die folgenden Elemente gegeben:
   a) drei Punkte und die Tangente in einem dieser Punkte;
   b) zwei Punkte und die Tangenten in diesen Punkten.

   Konstruiere die Asymptoten und die Scheitel der Kurve.

†705. Forme einen gegebenen Kreis k kollinear um, wenn das Kollineationszentrum S auf k liegt und die Kollineationsachse s durch S geht. Zeige, daß k der Krümmungskreis des entstehenden Kegelschnitts in S ist (vgl. auch Nr. 203). Beachte den Spezialfall, wo s den Kreis in S berührt.

706. Unterwirf einen gegebenen Kreis k einer Kollineation, deren Zentrum S im Kreismittelpunkt liegt. Welche Bedeutung hat S für den entstehenden Kegelschnitt? (Vgl. Leitfaden: Satz 101.)

†707. Ein Kegelschnitt ist durch vier Punkte A, B, C, D und die Tangente t in A gegeben. Konstruiere den Krümmungskreis der Kurve im Punkte A. Anleitung: Stelle zuerst eine Kollineation zwischen dem gegebenen Kegelschnitt und einem beliebigen Kreis k_1 her, welcher t in A berührt. Beachte, daß bei Änderung von k_1 die Kollineationsachse eine Parallelverschiebung erfährt.

†708. Von einem Kegelschnitt kennt man einen Scheitel, die zugehörige Scheiteltangente und einen Punkt mit Tangente. Konstruiere den Krümmungskreis in diesem Scheitel. Leite aus der entstehenden Figur die bekannten Konstruktionen der Scheitelkrümmungskreise der Kegelschnitte her.

†709. Ein Kegelschnitt ist durch drei Punkte und den Krümmungskreis in einem dieser Punkte gegeben. Konstruiere die Scheitel des Kegelschnitts.

†710. Von einer gleichseitigen Hyperbel sind zwei Punkte und der Krümmungskreis in einem dieser Punkte gegeben. Suche die Asymptoten und die Scheitel.

†711. Von einem Kegelschnitt sind ein Punkt A, der Krümmungskreis k in A und eine Gerade a, auf der eine Achse der Kurve liegen soll, gegeben. Konstruiere den Schnittpunkt P des Kegelschnitts mit k. Zeige, daß die Gerade AP und die Tangente des Kegelschnitts in A mit a gleiche Winkel einschließen.

712. Ein Kegelschnitt ist gegeben durch einen seiner Brennpunkte und
a) drei Punkte,   b) zwei Punkte und eine Tangente.
Konstruiere die Scheitel und den andern Brennpunkt des Kegelschnitts.

†713. Eine gegebene Ellipse mit den Halbachsen a und b wird um den einen Brennpunkt um den Winkel α gedreht und an diesem Brennpunkt mit dem Faktor λ gestreckt. Schneide die so entstehende Ellipse mit der ursprünglichen. (Beachte Nr. 706 und Leitfaden: Satz 88.)
$a = 4$, $b = 2{,}5$; $\alpha = 135°$, $\lambda = 1{,}5$

†714. Von einem Kegelschnitt sind
a) fünf Punkte,
b) fünf Tangenten
gegeben. Suche eine Kollineation, welche den Kegelschnitt in einen Kreis überführt. (Beachte Nr. 576 und 577.)

†715. Gegeben sind ein Kreis k_1 und darauf ein Punkt P. Von einem Kegelschnitt k_2, welcher k_1 in P berührt, sind noch drei Punkte gegeben. Bestimme die Schnittpunkte von k_1 und k_2.

†716. Zwei sich schneidende Kreise k_1 und k_2 mit den Radien r_1 und r_2 sind gegeben. Bestimme eine Kollineation, welche k_1 in k_2 überführt und die Schnittpunkte festläßt. Welchen Wert hat die Charakteristik der Kollineation?

717. Durch eine Kollineation mit vorgeschriebenem Zentrum soll ein gegebener Kreis in sich selbst übergeführt werden. Bestimme die Achse, die Gegenachsen und die Charakteristik der Kollineation.

†718. Gegeben sind ein Kreis k und ein Punkt P im Innern von k. Suche eine Kollineation, welche k in sich selbst und P in den Mittelpunkt von k überführt.

719. Schneide eine Ebene mit einer schiefen Kreiskegelfläche, deren Leitkreis in der Grundrißebene liegt. Bestimme von der Schnittfigur den Grundriß, die Umklappung in die Grundrißebene und einen Zentralschatten auf die Grundrißebene. Untersuche die Kollineationen zwischen diesen Figuren und dem Leitkreis.

720. Zeichne eine Horizontalsonnenuhr für eine gegebene geographische Breite (Zifferblatt horizontal, Stab parallel zur Erdachse). Konstruiere die Schatten des Stabes für die vollen Stunden der wahren Ortszeit und den Weg des Schattens eines Punktes des Stabes für den 21. jedes Monats.

Deklination der Sonne für den 21. jedes Monats (Näherungswerte): Januar −20°, Februar −11°, März 0°, April +12°, Mai +20°, Juni +23° 30′, Juli +20°, August +12°, September 0°, Oktober −11°, November −20°, Dezember −23° 30′.

721. Zeichne eine Vertikalsonnenuhr für eine gegebene geographische Breite und einen gegebenen Winkel zwischen der Ebene des Ortsmeridians und dem Zifferblatt (Zifferblatt vertikal, Stab parallel zur Erdachse). Suche den Weg, den der Schatten eines Punktes des Stabes an einem bestimmten Tage beschreibt, und die Zeiten, zwischen denen die Uhr an diesem Tage benützt werden kann.

§ 27. Weitere projektive Kegelschnittkonstruktionen
140.–141.

722. Sprich den Satz von Pascal für sechs Punkte aus, von denen drei auf einer ersten und drei auf einer zweiten Geraden liegen; wähle dabei das Sechseck so, daß keine Seite auf eine dieser Geraden zu liegen kommt (Sechseck von Pappus).

723. Ein Kegelschnitt ist durch fünf Punkte A, B, C, D, E gegeben. Konstruiere
   a) den zweiten Schnittpunkt einer durch A gehenden Geraden mit dem Kegelschnitt,
   b) die Tangente des Kegelschnitts in B.

724. Von einem Kegelschnitt sind vier Punkte A, B, C, D und die Tangente t in A gegeben. Schneide die Parallele zu t durch B mit dem Kegelschnitt und konstruiere die zweite Kurventangente parallel zu t.

725. Von einem Kegelschnitt kennt man drei Punkte und die Tangenten in zwei dieser Punkte. Suche die Tangente im dritten.

726. Eine Parabel ist durch drei Punkte und die Richtung der Achse gegeben. Konstruiere die Achse und den Scheitel der Kurve.

727. Von einer Wurfparabel sind der Abwurfpunkt, die Elevation und ein weiterer Punkt der Bahn gegeben. Suche die horizontale Reichweite des Wurfes und den Kulminationspunkt der Bahn.

§ 27. Weitere projektive Kegelschnittkonstruktionen

728. Eine Parabel ist durch die Achse a, den Scheitel A und einen Punkt P gegeben. Lege in P die Tangente t an die Kurve und schneide die Parallele zu t durch A mit der Parabel.

729. Eine Hyperbel ist durch die Richtung einer Asymptote und vier Punkte gegeben. Suche die Asymptoten.

730. Eine Hyperbel ist durch eine Asymptote und drei Punkte gegeben. Bestimme die andere Asymptote.

731. Von einer Hyperbel sind die Richtungen der Asymptoten und drei Punkte gegeben. Konstruiere die Asymptoten.

732. Ein Kegelschnitt ist durch vier Punkte und die Tangente in einem dieser Punkte gegeben. Bestimme den Mittelpunkt der Kurve.

733. Formuliere die zu Nr. 722 duale Aufgabe.

734. Ein Kegelschnitt ist durch fünf Tangenten a, b, c, d, e gegeben. Konstruiere
   a) den Berührungspunkt von a,
   b) die zweite Tangente parallel zu a.

735. Von einem Kegelschnitt sind vier Tangenten und der Berührungspunkt einer der Tangenten gegeben. Konstruiere die Berührungspunkte der andern.

736. Ein Kegelschnitt ist durch drei Tangenten und die Berührungspunkte von zwei dieser Tangenten gegeben. Konstruiere den Berührungspunkt der dritten.

737. Suche den Mittelpunkt eines durch fünf Tangenten gegebenen Kegelschnitts.

738. Eine Parabel ist durch vier Tangenten gegeben. Suche die Scheiteltangente und die Achse der Kurve.

739. Eine Parabel ist durch zwei Tangenten und ihre Berührungspunkte gegeben. Suche den Scheitel und die Achse der Kurve.

740. Von einer Parabel sind die Scheiteltangente und zwei weitere Tangenten gegeben. Bestimme die Parabelachse.

741. Eine Hyperbel ist durch drei Tangenten und eine Asymptote gegeben. Suche die andere Asymptote.

742. Eine Hyperbel ist gegeben durch eine Asymptote, zwei Tangenten und den Berührungspunkt der einen. Suche die andere Asymptote.

†743. Ein Kegelschnitt ist durch drei Punkte und die Tangenten in zwei dieser Punkte gegeben. Konstruiere
a) die Polare eines gegebenen Punktes,
b) den Pol einer gegebenen Geraden
in bezug auf diesen Kegelschnitt.

†744. Gegeben sind drei Punkte A, B, C, ein weiterer Punkt P und eine Gerade p. Bestimme den Mittelpunkt eines Kegelschnitts, der durch A, B und C geht und in bezug auf welchen P und p Pol und Polare sein sollen.

§ 28. Durchdringung von Kreiszylindern und Kreiskegeln
142.–147.

745. Bestimme die Schnittpunkte und die Schnittwinkel einer Geraden mit einem auf der Grundrißebene stehenden schiefen Kreiszylinder. (Der Schnittwinkel ist der Winkel, den die Gerade mit der Tangentialebene im Schnittpunkt einschließt.)

746. Suche eine zur Grundrißebene parallele Strecke von der gegebenen Länge s, deren Endpunkte auf zwei gegebenen windschiefen Geraden a und b liegen.
$a = A(5|5|0)\, P(10|-5|10)$; $b = B(4|-3|0)\, Q(8|2|9)$;
$s = 4$

747. Gegeben sind zwei windschiefe Gerade a und b. Stelle ein Quadrat mit der vorgeschriebenen Seitenlänge s dar, von dem eine Seite in der Aufrißebene liegt, während die Endpunkte der gegenüberliegenden Seite auf a bzw. auf b liegen sollen.

†748. Zwei windschiefe Gerade a und b sind gegeben. Suche eine Gerade, welche a und b unter gleichen Winkeln schneidet, so daß die Schnittpunkte einen vorgeschriebenen Abstand d haben.
$a = A(5|-2|2)\, P(5|6|6)$; $b = B(5|-2|4)\, Q(9|0|4)$; $d = 5$

749. Gegeben sind eine schiefe Kreiszylinderfläche mit einem Leitkreis in der Grundrißebene und ein Punkt P innerhalb der Fläche. Bestimme eine Sehne der Fläche von vorgeschriebener Länge s, deren Mitte in P liegt.

§ 28. Durchdringung von Kreiszylindern und Kreiskegeln

750. Zwei windschiefe Gerade a und b sind gegeben. Konstruiere ein gleichseitiges Dreieck mit der gegebenen Seitenlänge s, von dem zwei Ecken auf a und die dritte auf b liegen.

751. Konstruiere ein Quadrat $ABCD$, von dem eine Seite AB gegeben ist, während die Gerade CD eine gegebene Gerade g schneiden soll.
$A(6|2|8)\ B(4|-3|4);\ g = P(4|2|5)\ Q(12|-6|9)$

752. Zwei windschiefe Gerade g und t sind gegeben. Stelle einen Kreis vom gegebenen Radius r dar, dessen Mittelpunkt auf g liegt und von dem t eine Tangente ist.

753. Gegeben sind vier Gerade, von denen drei parallel sind. Suche einen Punkt, welcher von allen vier Geraden gleiche Abstände hat.

754. Gegeben sind zwei parallele Gerade a, b und eine dritte Gerade c. Suche auf c einen Punkt, dessen Abstände von a und b sich verhalten wie $3:5$.

755. Ein auf der Grundrißebene stehender gerader Kreiskegel und eine Gerade sind gegeben. Fasse die Gerade als einen Lichtstrahl und den Kegelmantel als einen Spiegel auf und konstruiere den reflektierten Strahl. (Löse auch Aufgabe 437.)

756. Gegeben sind drei Gerade a, m, g, von denen a und m sich schneiden.
a) Drehe die Gerade m um a, bis sie g schneidet.
b) Drehe die Gerade g um a, bis sie m schneidet.

757. Gegeben sind ein Punkt P, eine Gerade g und eine Ebene α. Lege durch P eine Gerade, welche g schneidet und mit α einen vorgeschriebenen Winkel φ einschließt.

758. Gegeben sind die Geraden $a = SA$ und $g = PQ$; α sei die Normalebene zu a durch S. Bestimme auf g die Punkte mit gleichen Abständen von α und a.
a) $S(6|-4|2)\ A(6|3|9);\ P(7|0|5)\ Q(1|6|2)$
b) $S(6|0|5)\ A(10|4|7);\ P(4|0|2)\ Q(7|8|12)$

759. Gegeben sind zwei windschiefe Gerade $a = SA$ und $g = PQ$. Bestimme auf g einen Punkt, dessen Abstände von a und S sich verhalten wie $1:2$.

760. Gegeben sind eine Gerade g, eine Ebene α und in α ein Punkt S. Suche auf g einen Punkt, dessen Abstand von S doppelt so groß ist wie sein Abstand von α.

761 Gegeben sind zwei Gerade $a = SP$ und $b = UV$.
  a) Suche auf a einen Punkt A und auf b einen Punkt B, so daß AB gleich AS und parallel zur Grundrißebene ist.
  b) Suche auf a einen Punkt mit gleichen Abständen von S und b.

†762. Gegeben sind zwei windschiefe Gerade a, b und eine Gerade m, welche a schneidet. Suche auf a einen Punkt A und auf b einen Punkt B, so daß m in der Mittelnormalebene der Punkte A und B liegt.
$a = P(3|3|4)\ Q(9|0|6);\ b = U(7|0|8)\ V(3|-6|4);$
$m = PR(0|8|4)$

763. Stelle einen Kreis mit der gegebenen Achse a dar, welcher beide Rißebenen berührt.

†764. Zwei windschiefe Gerade sind gegeben. Konstruiere einen in einer ersten Hauptebene liegenden Kreis, welcher beide Geraden normal schneidet.

765. Gegeben sind eine Gerade g und ein Punkt M. Stelle einen Drehkegelkörper mit gegebenem Grundkreisradius r dar, der folgende Bedingungen erfüllt: M soll der Mittelpunkt seines Grundkreises sein, seine Spitze soll auf g liegen, und sein Grundkreis soll die Grundrißebene berühren.
$g = P(9|0|7)\ Q(5|-7|4);\ M(5|0|3),\ r = 4$

766. Stelle eine Kreiskegelfläche dar, von welcher der in der Grundrißebene liegende Leitkreis, ein Punkt und zwei Tangenten gegeben sind.

Bemerkung zu den folgenden Durchdringungsaufgaben: Konstruiere von den gesuchten Durchdringungskurven einen allgemeinen Punkt, die Tangente in diesem Punkte, die ersten und zweiten Umrißpunkte, die Asymptoten und versuche, in den allfälligen Doppelpunkten die Haupttangenten anzugeben. Stelle dann die Flächen und ihre Schnittkurve unter Berücksichtigung der Sichtbarkeit dar oder denke dir eine

§ 28. Durchdringung von Kreiszylindern und Kreiskegeln

Fläche entfernt und stelle die andere und die Schnittkurve dar.

767. Schneide eine auf der Grundrißebene stehende gerade quadratische Pyramide mit einem Drehzylinder, dessen Achse zur Grundrißebene normal steht. Stelle den Restkörper dar.

768. Gegeben sind ein Dreieck ABC und ein Drehkegelkörper durch seine Spitze S und den Radius r seines in der Grundrißebene liegenden Leitkreises. Konstruiere den Schatten des Dreiecks auf den Kegelmantel und die Schatten des Kegels und des Dreiecks auf die Grundrißebene bei
   a) gegebener Lichtrichtung l,
   b) gegebener Lichtquelle L.
   a) $A(6|-6|10)$ $B(2|-3|8)$ $C(1|-7|6)$; $S(5|0|8)$,
      $r = 4$; $l = AA_0(13|5|0)$
   b) $A(2|-3|5)$ $B(5|-2|5)$ $C(4|-7|8)$; $S(5|0|6)$,
      $r = 4$; $L(0|-9|12)$

769. Durchdringe eine Pyramide, deren Grundfläche in der Aufrißebene liegt, mit einer Kegelfläche mit Leitkreis in der Grundrißebene.
   Pyramide: Spitze $S_1(8|-4|4)$,
              Grundfläche $A(0|6|5)$ $B(0|2|7)$ $C(0|1|2)$
   Kegel: Spitze $S_2(4|3|9)$, Leitkreis $M(3|-5|0)$, $r = 3$

770. Konstruiere die Schnittkurve zweier Zylinderflächen, die den gemeinsamen Leitkreis $k = (M,r)$ in der Grundrißebene und die Achsen a_1, a_2 haben. Beweise, daß die Schnittkurve aus dem Kreise k und einer Ellipse besteht.

771. Suche die Schnittkurve zweier Kegelflächen, die den gemeinsamen Leitkreis $k = (M,r)$ parallel zur Grundrißebene und die Spitzen S_1 und S_2 haben.
   a) $M(6|0|5)$, $r = 3$; $S_1(12|5|13)$, $S_2(12|-4|7)$
   b) $M(8|0|0)$, $r = 3$; $S_1(8|0|3)$, $S_2(3|2|6)$

772. Gegeben sind ein in einer ersten Hauptebene liegender Kreis $k = (M, r_1)$ und ein auf der Grundrißebene stehender Drehkegelkörper mit der Spitze S und dem Grundkreisradius r_2. Zeichne alle Schatten, die bei einer Beleuchtung parallel zur gegebenen Geraden l auftreten.
   $M(8|-3|3)$, $r_1 = 3$; $S(6|0|6)$, $r_2 = 4$; $l = SS_1(4|9|0)$

773. Schneide zwei schiefe Kreiszylinderflächen miteinander, deren Leitkreise in der Grundrißebene liegen.
a) Erster Zylinder
Leitkreis: $M_1(5|5|0)$, $r_1 = 4$ Achse: $a_1 = M_1 A(10|0|6)$
Zweiter Zylinder
Leitkreis: $M_2(3|-3|0)$, $r_2 = 3$ Achse: $a_2 = M_2 B(7|0|4)$
b) $M_1(6|5|0)$, $r_1 = 5$, $a_1 = M_1 A(6|0|10)$
$M_2(8|-5|0)$, $r_2 = 3$, $a_2 = M_2 B(8|0|4)$

774. Ein kegelförmiger Trichter ist durch den zur Grundrißebene parallelen Randkreis $k = (M, r)$ und die in der Grundrißebene liegende Spitze S gegeben. Konstruiere bei gegebener Lichtrichtung l den Eigenschatten des Trichters und den Schatten, den k auf die Innenfläche des Trichters wirft.
$M(6|0|8)$, $r = 4$; $S(6|0|0)$; $l = MP(0|6|0)$

775. Ein schiefer Kreiszylindermantel ist durch zwei in ersten Hauptebenen liegende Leitkreise k_1 und k_2 mit den Mittelpunkten M_1, M_2 und den Radien r begrenzt. Konstruiere den Schatten, den k_2 auf das Innere des Zylindermantels wirft,
a) bei der gegebenen Lichtrichtung l,
b) bei der gegebenen Lichtquelle L.
$M_1(4|6|0)$, $M_2(8|-2|8)$, $r = 3$;
a) $l = M_2 P(11|3|0)$ b) $L(6|-9|10)$

776. Einem Drehzylinderkörper ist eine Platte in der Form eines niedrigen Drehzylinders mit der gleichen Achse aufgesetzt. Stelle den so entstehenden Körper samt seinen Schatten bei einer gegebenen Parallelbeleuchtung in allgemeiner Lage dar.

777. Gegeben sind zwei Kreiskegelflächen mit den Leitkreisen $k_1 = (M_1, r_1)$, $k_2 = (M_2, r_2)$ in der Grundrißebene und den Spitzen S_1, S_2. Konstruiere den Grundriß der Schnittkurve der beiden Flächen.
a) $M_1(-2|-3|0)$, $r_1 = 5$, $S_1(10|0|4)$
$M_2(5|3|0)$, $r_2 = 3$, $S_2(7|-10|11)$
b) $M_1(2|0|0)$, $r_1 = 2$, $S_1(2|0|4)$
$M_2(-2|0|0)$, $r_2 = 2$, $S_2(-2|2|4)$
c) $M_1(0|3|0)$, $r_1 = 6$, $S_1(0|3|6)$
$M_2(0|-3|0)$, $r_2 = 3$, $S_2(0|0|3)$
(Dreifacher Punkt des Grundrisses der Schnittkurve)

§ 28. Durchdringung von Kreiszylindern und Kreiskegeln

d) $M_1(4|0|0)$, $r_1 = 4$, $S_1(4|0|4)$
$M_2(4|3|0)$, $r_2 = 5$, $S_2(-3|0|11)$
(Die Flächen haben eine Mantellinie gemeinsam; konstruiere auch den Doppelpunkt des Grundrisses der Kurve dritter Ordnung.)

e) $M_1(4|3|0)$, $r_1 = 3$, $S_1(2|2|2)$
$M_2(4|-4|0)$, $r_2 = 4$, $S_2(-4|8|8)$
(Die Flächen berühren sich längs einer Mantellinie; weise nach, daß die Schnittkurve aus der doppelt zu zählenden Berührungsmantellinie und einem Kreise besteht.)

f) $M_1(0|1|0)$, $r_1 = 2$, $S_1=12|4|12)$
$M_2(0|-4|0)$, $r_2 = 4$, $S_2(6|5|6)$
(Die Flächen haben zwei gemeinsame Tangentialebenen. Beachte, daß der eine Teil der Schnittkurve ein Kreis ist.)

778. Durchdringe zwei Drehkegelflächen mit erstprojizierenden Achsen und gleichen Öffnungswinkeln. Nimm auch speziell die Spitzen der Kegel in der gleichen ersten Hauptebene an.

†779. In der Grundrißebene sind drei Kreise k_1, k_2, k_3 gegeben. Errichte über jedem Kreise eine Drehkegelfläche, deren Höhe gleich dem Kreisradius ist. Bestimme die gemeinsamen Punkte der drei Flächen. Beachte, daß diese Schnittpunkte die Spitzen von Drehkegelflächen sind, welche die gegebenen je längs einer Mantellinie berühren. Leite daraus eine Konstruktion der gemeinsamen Berührungskreise von k_1, k_2 und k_3 ab (Zyklographie).

780. Schneide die folgenden Flächen miteinander: Eine Drehkegelfläche mit der Spitze S, welche aus der Grundrißebene einen Kreis mit dem Radius r_1 schneidet; eine Drehzylinderfläche, welche aus der Seitenrißebene einen Kreis mit dem Mittelpunkt M und dem Radius r_2 schneidet.

a) $S(6|0|9)$, $r_1 = 6$; $M(7|0|3)$, $r_2 = 3$
b) $S(6|0|4)$, $r_1 = 6$; $M(8|0|2{,}5)$, $r_2 = 2{,}5$
c) $S(4|0|3)$, $r_1 = 4$; $M(5{,}5|0|5)$, $r_2 = 2{,}5$
d) $S(6|0|8)$, $r_1 = 6$; $M(7|0|2{,}5)$, $r_2 = 2{,}5$

781. Konstruiere die Schnittkurve einer Drehkegel- und einer Drehzylinderfläche, deren Achsen in der Grundrißebene liegen. Diskutiere den Grundriß der Schnittkurve.

782. Durchdringe zwei auf der Grundrißebene liegende Drehzylinderflächen miteinander. Löse die Aufgabe für verschiedene und für gleiche Zylinderradien.

783. Schneide eine Kreiszylinderfläche, die durch den in der Grundrißebene liegenden Leitkreis $k_1 = (M_1, r_1)$ und die Achse a_1 gegeben ist, mit einer zweiten Kreiszylinderfläche, von welcher der in der Aufrißebene liegende Leitkreis $k_2 = (M_2, r_2)$ und die Achse a_2 gegeben sind.
$M_1(4 \mid -7 \mid 0)$, $\quad r_1 = 2{,}5$, $\quad a_1 = M_1P\,(9 \mid 0 \mid 11)$
$M_2(0 \mid 5 \mid 4)$, $\quad r_2 = 3$, $\quad a_2 = M_2Q\,(5 \mid 0 \mid 7)$

784. Auf der Grundrißebene liegt eine Drehzylinderfläche, aus welcher durch zwei Normalebenen zur Achse und die erste Hauptebene durch die Achse ein halber Hohlzylinder geschnitten ist. Zeichne bei einer gegebenen Lichtrichtung die an dieser Fläche und auf der Grundrißebene entstehenden Schatten.

785. Ein Kreis k_1 der Grundrißebene ist durch seinen Mittelpunkt M_1 und einen Punkt P_1 gegeben, ein Kreis k_2 der Aufrißebene durch M_2 und P_2. Wähle auf der Geraden P_1P_2 zwei Punkte S_1, S_2 und schneide die durch S_1 und k_1 bzw. S_2 und k_2 bestimmten Kegelflächen miteinander.

786. Gegeben sind die folgenden Flächen: Eine schiefe Kreiskegelfläche mit einem Leitkreis $k = (M, r)$ in der Grundrißebene und der Spitze S, deren Grundriß auf k liegt; eine durch S gehende Drehzylinderfläche mit der zweitprojizierenden Achse a. Konstruiere den Grundriß der Schnittkurve der beiden Flächen. Suche insbesondere die Tangenten dieser Kurve in S'.
$M(8 \mid -4 \mid 0)$; $\quad r = 5$, $\quad S(11 \mid 0 \mid 4)$; $\quad a'''(0 \mid 3 \mid 0)$

Vierter Abschnitt

Die Kugel

§ 29. Darstellung der Kugel

148.

787. Stelle eine Kugel mit dem vorgeschriebenen Radius r dar, von welcher noch folgende Elemente gegeben sind:
 a) drei Punkte;
 b) drei in der Grundrißebene liegende Tangenten;
 c) eine Tangentialebene und ihr Berührungspunkt;
 d) eine Tangentialebene und eine Gerade, auf welcher der Mittelpunkt liegen soll;
 e) drei Tangentialebenen;
 f) eine Tangente, ihr Berührungspunkt und eine Tangentialebene;
 g) zwei Punkte und eine Tangentialebene;
 h) zwei parallele Tangenten und eine Tangentialebene;
 i) ein Punkt, eine Tangente und ihr Berührungspunkt.

788. Gegeben sind eine Kugel, eine Gerade g und eine Ebene α. Drehe die Kugel um g, bis sie α berührt. Stelle die Kugel in der Endlage dar und bestimme den zugehörigen Drehwinkel.

789. Stelle eine Kugel dar, deren Mittelpunkt auf einer gegebenen Geraden g liegen soll und welche
 a) durch zwei gegebene Punkte geht,
 b) eine gegebene Gerade in einem vorgeschriebenen Punkte berührt,
 c) zwei gegebene Ebenen berührt.

790. Konstruiere die Risse einer Kugel, von der folgende Elemente gegeben sind:
 a) ein Punkt, eine Tangentialebene und ihr Berührungspunkt;
 b) drei parallele Tangenten und eine Tangentialebene;
 c) vier Punkte;
 d) zwei Tangentialebenen und der Berührungspunkt der einen;
 e) zwei Tangenten und ihre Berührungspunkte.

791. Stelle eine Kugel dar, welche durch folgende Elemente gegeben ist:
   a) eine Tangentialebene mit Berührungspunkt und eine Tangente;
   b) drei Punkte und eine Tangente;
   c) drei Punkte und eine Tangentialebene;
   d) vier Tangenten, von denen drei in einer Ebene liegen;
   e) drei Tangentialebenen und einen Punkt;
   f) zwei Tangentialebenen und zwei Punkte.

792. Gegeben sind eine Drehkegelfläche mit zweitprojizierender Achse und eine Gerade g. Stelle eine Kugel mit dem vorgeschriebenen Radius r dar, deren Mittelpunkt auf g liegt und welche die Kegelfläche berührt.

†793. Von drei Drehkegelflächen mit den gleichen halben Öffnungswinkeln α und den Achsen normal zur Grundrißebene sind die Spitzen S_1, S_2, S_3 gegeben. Stelle eine Kugel dar, welche die drei Flächen berührt und
   a) den vorgeschriebenen Radius r hat oder
   b) auf der Grundrißebene liegt.
   a) $S_1(6|6|2)$, $S_2(10|0|3)$, $S_3(4|-5|4)$; $\alpha = 45°$; $r = 3$
   b) $S_1(5|4|3)$, $S_2(11|2|5)$, $S_3(4|-4|7)$; $\alpha = 30°$
   (Zeichne nur die Kugeln, welche die Kegelflächen von außen berühren.)

†794. Gegeben sind eine Kugel und zwei sich schneidende Gerade a und b. Drehe die Kugel um a, bis sie b berührt. Stelle die Kugel in der Endlage dar, bestimme den zugehörigen Drehwinkel und den Berührungspunkt mit b.

§ 30. Tangentialebenen und Schatten der Kugel
149.–153.

795. Schneide eine erste Hauptgerade mit einer gegebenen Kugel. Konstruiere in den Schnittpunkten die Tangentialebenen und bestimme den Schnittwinkel dieser Ebenen.

†796. Gegeben sind eine gerade Kreiszylinderfläche mit erstprojizierender Achse und eine Gerade g, welche die Fläche schnei-

§ 30. Tangentialebenen und Schatten der Kugel

det. Lege durch g eine Ebene, welche aus dem Zylinder eine Ellipse schneidet, von welcher ein Brennpunkt auf g liegt. (Vgl. auch Nr. 694.)

797. Lege durch eine gegebene Gerade g die Ebenen, welche von einem gegebenen Punkte M den vorgeschriebenen Abstand r haben.
   $g = P(10|0|3)\ Q(3|-5|6);\ M(4|2|7);\ r = 3$

798. Gegeben sind ein Dreieck ABC und eine Kugel durch ihren Mittelpunkt M und ihren Radius r. Suche eine Translation, welche das Dreieck in ein neues überführt, dessen Seiten von der Kugel von innen berührt werden. Zeichne die Endlage des Dreiecks.
   $A(8|0|7)\ B(2|-4|3)\ C(5|-8|9);\ M(8|4|4),\ r = 3$

799. Gegeben sind ein Punkt und eine Kugel. Lege durch den Punkt eine Ebene, welche die Kugel berührt und eine vorgeschriebene erste Tafelneigung hat.

800. Lege durch einen gegebenen Punkt die gemeinsamen Tangentialebenen an zwei gegebene Kugeln.

801. Gegeben sind zwei Drehkegelflächen durch ihre gemeinsame Spitze S, ihre Achsen $a = SA$, $b = SB$, ihre halben Öffnungswinkel α und β. Konstruiere die gemeinsamen Tangentialebenen der beiden Flächen.
   $S(6|0|6),\ A(6|6|0),\ B(12|8|2);\ \alpha = 30°,\ \beta = 45°$

802. Lege die gemeinsamen Tangentialebenen an drei gegebene Kugeln, deren Mittelpunkte in der Grundrißebene liegen.

†803. Gegeben sind eine Ebene α, eine Gerade b und ein Punkt W. Lege durch b eine Ebene β, so daß die eine der winkelhalbierenden Ebenen von α und β durch W geht.

804. Gegeben sind eine Lichtquelle L und eine Kugel mit dem Mittelpunkt M und dem Radius r. Konstruiere von dieser Kugel die Eigenschattengrenze und die Schlagschatten auf die Rißebenen.
   a) $L(12|-8|10);\ M(5|-3|3),\ r = 3$
   b) $L(2|6|3);\ \ \ \ \ M(5|2|4),\ \ \ \ r = 3$
   c) $L(9|-7|6);\ \ \ M(5|-4|4),\ r = 2$

805. Gegeben ist eine Kugel mit dem Mittelpunkt M und dem

Radius r. Suche eine Lichtquelle, so daß der Zentralschatten der Kugel auf die Grundrißebene
a) eine Parabel mit gegebenem Scheitel,
b) eine Parabel mit gegebenem Brennpunkt,
c) eine Parabel, von der eine Tangente und die Achsenrichtung gegeben sind,
d) eine Parabel, von der ein Punkt und die Achsenrichtung gegeben sind,
e) eine Parabel, von der ein Punkt und eine Tangente gegeben sind,
f) eine Ellipse, von welcher der Mittelpunkt und die Länge $2b$ der kleinen Achse gegeben sind,
g) eine gleichseitige Hyperbel mit gegebenem Mittelpunkt ist. Konstruiere dann von der Kugel die Eigenschattengrenze und den Schlagschatten auf die Grundrißebene.

806. Gegeben sind eine Kugel (M,r), eine Ebene α und
a) eine Lichtrichtung l,
b) eine Lichtquelle L.
Konstruiere von der Kugel die Eigenschattengrenze und den Schlagschatten auf α.
a) $M(4|3|8)$, $r = 3$;
$\alpha = A(8|-4|2)\ B(5|0|2)\ C(5|-6|7);\ l = MA$
b) $M(6|-4|7)$, $r = 2$;
$\alpha = A(6|3|3)\ B(3|-4|3)\ C(1|0|8);\ L(8|-8|10)$

807. Gegeben sind zwei Punkte M, A und eine Gerade l. Stelle die Kugel mit dem Mittelpunkt M dar, welche durch A geht. Bestimme dann auf l eine Lichtquelle, für welche die Eigenschattengrenze der Kugel durch A geht. Zeichne die Risse der Eigenschattengrenze.
$M(5|-3|5)$, $A(7|-1|2);\ l = P(3|0|8)\ Q(12|8|10)$

§ 31. Ebene Schnitte der Kugel
154.–156.

808. Gegeben sind eine Gerade l und eine Kugel (M,r). Fasse l als Lichtstrahl auf und konstruiere den an der Kugeloberfläche reflektierten Strahl.
$l = A(12|5|8)\ B(8|1|7);\ M(4|0|5),\ r = 3$

§ 31. Ebene Schnitte der Kugel

809. Stelle eine Kugel von gegebenem Radius dar, welche durch einen gegebenen Punkt gehen soll, wenn von der Kugel noch folgende Elemente gegeben sind:
   a) eine Gerade, auf welcher der Mittelpunkt liegen soll;
   b) zwei parallele Tangenten;
   c) zwei Tangentialebenen.

810. Konstruiere eine durch einen gegebenen Punkt gehende Kugel, von welcher noch
   a) drei Tangentialebenen, von denen zwei zueinander parallel sind,
   b) drei parallele Tangenten,
   c) drei Tangentialebenen, welche parallel zu einer Geraden sind,
   d) eine Tangentialebene, eine dazu parallele Tangente und der Radius

   gegeben sind.

811. Konstruiere ein rechtwinkliges Dreieck ABC, von dem die Hypotenuse AB gegeben ist, während C auf einer gegebenen Geraden g liegen soll.
   $A(2|3|4)$ $B(8|-3|7)$; $g = P(11|6|6)$ $Q(8|0|8)$

812. Von einem Rechteck $ABCD$ sind die Diagonale AC und der Aufriß der Ecke B gegeben. Konstruiere den Grundriß des Rechtecks.

813. Gegeben sind zwei Ebenen α, β und eine Gerade g. Lege durch g eine Ebene, deren Schnittgeraden mit α und β einen rechten Winkel einschließen.

†814. In der Grundrißebene ist ein Viereck $ABCD$ gegeben. Errichte darüber eine Pyramide, deren Spitze auf einer gegebenen Geraden g liegen soll, so daß es eine Ebene gibt, welche aus der Pyramide
   a) ein Rechteck oder
   b) einen Rhombus schneidet.
   Stelle einen solchen Schnitt dar.

†815. Suche auf einer gegebenen Geraden g die Punkte, deren Abstände von zwei gegebenen Punkten A und B sich verhalten wie $2:3$.
   $g = P(5|2|3)$ $Q(1|7|5)$; $A(5|0|5)$, $B(2|-3|4)$

816. Suche auf einer gegebenen Geraden g die Punkte, von denen aus zwei gegebene Lichtquellen L_1 und L_2, deren Intensitäten sich wie $4:9$ verhalten, gleich hell erscheinen.

817. Lege durch einen gegebenen Punkt P eine Gerade, welche eine gegebene Gerade g schneidet und von einem gegebenen Punkte M einen vorgeschriebenen Abstand r hat.

818. Gegeben sind ein Punkt P, eine Kugel und eine Drehkegelfläche mit erstprojizierender Achse. Lege durch P eine Gerade, welche beide Flächen berührt.

819. Suche in einer gegebenen Ebene die Geraden, welche zwei gegebene Kugeln berühren.

820. Stelle eine Kugel vom gegebenen Radius r dar, welche zwei gegebene Kugeln und eine gegebene Ebene berührt.

821. Gegeben sind eine Kugel (M,r) und eine Gerade g, welche die Kugel schneidet. Lege durch g eine Ebene, welche aus der Kugel einen möglichst kleinen Kreis herausschneidet, und stelle diesen Kreis dar.

822. Lege durch eine gegebene Gerade g eine Ebene, welche aus einer gegebenen Kugel (M,r) einen Kreis vom vorgeschriebenen Radius r_1 herausschneidet, und stelle den Schnittkreis dar.
$g = P(4|-7|4)\ Q(7|0|10);\ M(6|0|4),\ r=4;\ r_1=3$

823. Eine Gerade g und ein Punkt M sind gegeben. Stelle eine Kugel mit dem Mittelpunkt M dar, von der g eine Tangente ist. Konstruiere bei einer gegebenen Lichtrichtung l die Eigenschattengrenze der Kugel, den Schatten, den g auf die Kugel wirft, und die Schatten der Geraden und der Kugel auf die Grundrißebene.
$g = P(4|7|0)\ Q(11|0|8);\ M(7|0|4);\ l = R(10|6|9)\ M$

824. Auf einer gegebenen Kugel sind drei Punkte A, B und C gegeben. Suche zwei parallele, gleich große Kleinkreise dieser Kugel, von denen der eine durch A und B, der andere durch C geht.

825. Schneide ein Dreieck ABC mit einer Kugel (M,r) und konstruiere die bei einer Beleuchtung parallel zur gegebenen Geraden l auftretenden Schatten.
$A(7|0|10)\ B(11|-2|2)\ C(11|-9|10);\ M(9|-3|4),\ r=4;\ l = MP(4|2|0)$

§ 31. Ebene Schnitte der Kugel

826. Durchdringe eine Kugel (M,r) mit einem Tetraeder $ABCD$.
$M(7|0|5)$, $r = 4$
$A(6|3|5)$ $B(9|1|2)$ $C(9|-3|10)$ $D(1|-7|7)$

827. Drehe einen gegebenen Punkt um eine gegebene Gerade, bis er auf einer gegebenen Kugel liegt.

828. Gegeben sind drei Punkte A, B, C. Suche einen vierten Punkt D, so daß das Dreieck ABD gleichseitig, das Dreieck ACD rechtwinklig (mit der Hypotenuse AC) wird.
$A(3|0|9)$, $B(8|4|5)$, $C(6|-3|1)$

829. Gegeben sind ein Punkt M und eine Gerade g. Konstruiere ein gleichseitiges Dreieck mit der vorgeschriebenen Seitenlänge a, dessen Ecken von M gleiche Abstände haben und von dem eine Seite auf g liegt.
$M(6|0|4)$; $g = A(10|0|7)$ $B(0|-6|4)$; $a = 6$

830. Schreibe einer gegebenen Kugel einen gleichseitigen Drehkegelkörper mit vorgeschriebener Achsenrichtung ein.

831. Gegeben sind ein Punkt P, eine Gerade g und eine Kugel (M,r). Lege durch P eine Ebene, welche die Kugel in einem Kreise schneidet, dessen Mittelpunkt auf g liegt. Stelle den Kreis dar.
$P(9|5|10)$; $g = A(7|0|6)$ $B(1|4|7)$; $M(6|0|5)$, $r = 5$

832. Konstruiere auf der Kugel mit dem gegebenen Mittelpunkt M, welche durch den gegebenen Punkt A geht, vier gleich große Kreise, von denen jeder die drei andern berührt. MA soll die Achse eines dieser Kreise sein.
$M(6|0|6)$, $A(9|3|8)$

833. In der Grundrißebene sind ein Kreis und in seinem Innern drei Punkte gegeben. Konstruiere eine durch diese Punkte gehende Ellipse, welche den Kreis zweimal berührt.
Anleitung: Fasse den Kreis als Umriß einer Kugel und die Punkte als die Risse von Kugelpunkten auf. Wie viele Lösungen hat die Aufgabe?

834. Beweise folgende Sätze:
   a) Haben zwei nicht in einer Ebene liegende Kreise zwei Punkte gemeinsam (oder berühren sie sich), so liegen sie auf einer Kugel.

b) Liegen zwei Kreise auf einer Kugel, so liegen sie auch auf einem Kreiskegel (oder -zylinder).

c) Zwischen dem Grundriß eines beliebigen Kleinkreises einer Kugel und dem ersten scheinbaren Umriß dieser Kugel besteht zentrale Kollineation. Welche Bedeutung haben die Achse, das Zentrum und die Gegenachsen einer solchen Kollineation?

d) Berührt ein Kleinkreis einer Kugel deren wahren ersten Umriß, so ist der scheinbare erste Umriß ein Scheitelkrümmungskreis des Grundrisses dieses Kleinkreises.

†835. In der Grundrißebene sind ein Kreis k, eine Sehne s von k und im Innern von k auf der gleichen Seite von s zwei Punkte A, B gegeben. Konstruiere eine Ellipse, welche s berührt, durch A und B geht und k zweimal berührt.

Anleitung: Fasse k als Umriß einer Kugel, s als Riß eines Kreises, A und B als Risse zweier Punkte dieser Kugel auf.

†836. In der Grundrißebene sind ein Kreis k, zwei sich nicht schneidende Sehnen s_1, s_2 von k und ein Punkt A zwischen s_1 und s_2 und innerhalb k gegeben. Konstruiere eine Ellipse, welche k zweimal berührt, durch A geht und s_1 und s_2 berührt. (Beachte die Anleitung der vorhergehenden Aufgabe und Nr. 834b.)

837. Gegeben sind vier Punkte A, B, C, D. Konstruiere die Umkreise k_1 und k_2 der Dreiecke ABC und ABD. Stelle dann einen dritten Kreis mit dem vorgeschriebenen Radius r dar, welcher k_1 und k_2 berührt. (Verwende Nr. 834a; suche dann den Mittelpunkt des verlangten Kreises.)
$A(8|2|9)$, $B(8|-2|9)$, $C(3|0|9)$, $D(8|0|2)$; $r = 4$

†838. Stelle einen Kreis dar, von dem der Mittelpunkt M und der Radius r gegeben sind und welcher beide Rißebenen berühren soll. $M(5|0|4)$; $r = 5{,}5$

†839. Gegeben sind vier Punkte A, B, C, D. Konstruiere zwei gleich große Kreise vom vorgeschriebenen Radius r, welche sich zweimal schneiden und von denen der eine durch A und B, der andere durch C und D geht.
$A(10|-2|8)$, $B(3|3|8)$, $C(8|2|2)$, $D(4|-4|4)$; $r = 4{,}5$

†840. Auf einer gegebenen Kugel sind zwei Punkte A, B und ein Kleinkreis k gegeben. Suche auf der Kugel einen durch A und B gehenden Kreis, welcher k normal schneidet, und stelle ihn dar.
(Anleitung: Die Ebenen aller Kreise der Kugel, welche k normal schneiden, gehen durch die Spitze des Kegels, welcher die Kugel längs k berührt.)

841. Gegeben sind ein Kreis k und eine Gerade t. Stelle einen zweiten Kreis dar, welcher t berührt und k in zwei Punkten normal schneidet. (Anleitung: Beachte Nr. 834a und die Anleitung in Nr. 840.)
k: parallel zur Grundrißebene, $M(7|0|6)$, $r = 3$;
$t = A(6|5|0)$ $B(1|0|10)$

§ 32. Durchdringungen der Kugel
157.–160.

842. Gegeben sind eine Kugel (M_1, r_1) und ein Punkt M_2. Konstruiere eine Kugel mit dem Mittelpunkt M_2, welche die erste orthogonal schneidet, und durchdringe die beiden Kugeln miteinander.
$M_1(7|-2|4)$, $r_1 = 4$; $M_2(5|2|7)$

†843. Gegeben sind zwei Kugeln (M_1, r_1) und (M_2, r_2). Suche eine dritte Kugel mit dem gegebenen Mittelpunkt M, welche die gegebenen in gleich großen Kreisen schneidet, und stelle die Kugeln und ihre Schnittkreise dar.
$M_1(5|-3|4)$, $r_1 = 3$; $M_2(9|4|7)$, $r_2 = 4$; $M(3|2|2)$

844. Lege um jede Ecke des gegebenen Dreiecks ABC die Kugel, deren Radius gleich der gegenüberliegenden Seite des Dreiecks ist. Konstruiere die Schnittkreise von je zwei und die gemeinsamen Punkte aller drei Kugeln.
$A(4|1|5)$, $B(7|0|7)$, $C(5|-2|4)$

845. Errichte über einem gegebenen Dreieck ABC als Grundfläche eine Pyramide mit der vorgeschriebenen Höhe h, deren Spitze D die folgende Bedingung erfüllt: $AD:BD:CD = 2:5:3$. $A(3|0|6)$ $B(6|6|1)$ $C(8|-3|3)$; $h = 3$

846. Errichte über einem in der Grundrißebene gegebenen Viereck $ABCD$ eine Pyramide mit der gegebenen Höhe h, so daß auf dem Mantel der Pyramide ein Quadrat von der gegebenen Seitenlänge s liegt. Stelle eine solche Pyramide und das Quadrat dar. (Die Aufgabe kann auch mit Kollineation gelöst werden.)
$A(1|7|0)$ $B(7|4|0)$ $C(5|0|0)$ $D(1|-2|0)$; $h=5$, $s=3$

847. Stelle einen Kreis dar, von dem ein Durchmesser AB gegeben ist und der eine gegebene Kugel (M,r) berühren soll.
$M(6|-3|4)$, $r=4$; $A(5|2|4)$ $B(9|-4|11)$

848. Suche die gemeinsamen Mantellinien zweier gegebener Drehkegelflächen mit der gemeinsamen Spitze S, den Achsen a, b und den halben Öffnungswinkeln α, β.
a) $S(6|0|5)$; $a=SA(10|6|5)$, $\alpha=45°$;
   $b=SB(3|4|9)$, $\beta=60°$
b) $S(6|0|5)$; $a=SA(3|6|8)$, $\alpha=30°$;
   $b=SB(8|3|11)$, $\beta=45°$

849. Lege durch einen gegebenen Punkt die gemeinsamen Tangenten an zwei gegebene Kugeln.

850. Zwei Kugeln sind durch ihre Mittelpunkte M_1, M_2 und einen gemeinsamen Punkt P gegeben. Lege durch P eine Gerade, auf welcher die erste Kugel eine Sehne der gegebenen Länge s_1, die zweite Kugel eine Sehne der gegebenen Länge s_2 bestimmt.
$M_1(3|3|8)$, $M_2(8|-2|5)$; $P(4|0|7)$; $s_1=5$, $s_2=7$

851. Ein Drehkegelkörper, welcher längs einer Mantellinie auf der Grundrißebene liegt, ist durch seine Spitze S und den Mittelpunkt M seines Grundkreises gegeben. Rolle den Kegel auf der Grundrißebene, bis
a) sein Mantel durch einen gegebenen Punkt P geht,
b) sein Mantel eine gegebene Kugel (Z,r) berührt,
c) sein Grundkreis die Aufrißebene berührt,
d) sein Mantel einen zweiten, auf der Grundrißebene stehenden Drehkegelkörper mit der Spitze S_2 und dem Grundkreisradius r_2 berührt.
Stelle den Kegel in der Endlage dar.

§ 32. Durchdringungen der Kugel

a) $S(6|0|0)$, $M(6|-6|3)$; $P(7|4|4)$
b) $S(6|0|0)$, $M(6|-6|3)$; $Z(10|3|4)$, $r=4$
c) $S(6|0|0)$, $M(6|-6|3)$
d) $S(8|0|0)$, $M(8|-6|3)$; $S_2(3|1|5)$, $r_2=3$

852. Stelle einen gleichseitigen Drehkegelkörper dar, von dem eine Mantellinie SA gegeben ist und dessen Grundkreis die Grundrißebene berühren soll.
$S(6|-4|7)$ $A(6|4|2)$

853. Eine auf der Grundrißebene liegende Halbkugelschale, deren Randkreis parallel zur Grundrißebene ist, und eine Lichtquelle sind gegeben. Suche die auf der Innenfläche der Schale entstehenden Schatten.

854. Gegeben sind eine Kugel (M,r) und eine Drehzylinderfläche mit der zweitprojizierenden Achse a und dem Radius r_1. Konstruiere den Grundriß der Schnittkurve der beiden Flächen.
a) $M(6|0|5)$, $r=5$; $a''(0|2|7)$, $r_1=3$
b) $M(6|0|5)$, $r=5$; $a''(0|1|6)$, $r_1=3$
c) $M(5|0|5)$, $r=3\sqrt{2}$; $a''(0|-1|6)$, $r_1=2\sqrt{2}$

855. Gegeben sind eine Kugel (M_1, r_1) und eine in einer ersten Hauptebene liegende Kreisscheibe mit dem Mittelpunkt M_2 und dem Radius r_2. Konstruiere alle auf der Kugel und in der Grundrißebene auftretenden Schatten bei einer Beleuchtung parallel zur gegebenen Geraden l.
$M_1(6|-2|4)$, $r_1=4$; $M_2(10|-6|11)$, $r_2=3$;
$l=M_2P(3,5|5|0)$

856. Gegeben sind die folgenden Flächen: Eine schiefe Kreiszylinderfläche mit dem in der Grundrißebene liegenden Leitkreis $k=(M_1,r_1)$ und der Achse a; eine Kugel mit dem Mittelpunkt M_2 und dem Radius r_2. Durchdringe die beiden Flächen miteinander.
a) $M_1(7|-5|0)$, $r_1=3,5$; $a=M_1A(7|0|5)$;
 $M_2(6|0|5)$, $r_2=4$
b) $M_1(7|-6|0)$, $r_1=3$, $a=M_1A(7|-3|6)$;
 $M_2(7|2|7)$, $r_2=3\sqrt{5}$ (die Flächen berühren sich)
c) $M_1(6|-4|0)$; $M_2(6|0|6)$; $r_1=r_2=3$; $a=M_1M_2$
d) $M_1(5|-5|0)$, $r_1=3$, $a=M_1A(5|0|5)$;
 $M_2(5|1,5|3,5)$, $r_2=3\sqrt{2}$

857. Schneide eine Kugel mit einer Drehkegelfläche. Die Kugel ist durch ihren Mittelpunkt M und ihren Radius r_1 gegeben; von der Kegelfläche sind die Spitze S und der Radius r_2 des in der Grundrißebene liegenden Leitkreises gegeben.
a) $M(8|2|4)$, $r_1 = 4$; $S(8|0|10)$, $r_2 = 5$
b) $M(6|0|1)$, $r_1 = 5$; $S(6|-4|4)$, $r_2 = 6$
c) $M(7|0|1)$, $r_1 = 5$; $S(7|0|6)$, $r_2 = 3$
d) $M(6|3|2)$, $r_1 = 5$; $S(6|0|6)$, $r_2 = 6$
e) $M(7|1|1)$, $r_1 = 5$; $S(7|0|8)$, $r_2 = 6$

858. Schneide die folgenden Flächen miteinander: Eine Kugel mit dem Mittelpunkt M_1 und dem Radius r_1; eine schiefe Kreiskegelfläche mit der Spitze S und dem in der Grundrißebene liegenden Leitkreis $k = (M_2, r_2)$, wobei S' auf k' liegt.
a) $M_1(8|3|2)$, $r_1 = 5$; $S(8|4|9)$, $M_2(8|-2|0)$, $r_2 = 6$
b) $M_1(9|3|1)$, $r_1 = 4$; $S(9|3|6)$, $M_2(5|0|0)$, $r_2 = 5$

859. Gegeben ist eine Kugel durch ihren in einer ersten Hauptebene α liegenden Mittelpunkt M und einen Punkt P. Schneide sie mit einer Drehkegelfläche, welche durch P geht und von der noch die in α liegende Achse a und die Spitze S gegeben sind.
$M(4|0|5)$, $P(7|2|5)$; $a = S(11|-4|5) \; A(3|1|5)$

†860. Auf alle Kreise mit dem gegebenen Durchmesser AB werden durch einen gegebenen Punkt P die beiden Normalen gelegt (Gerade, welche die Kreise normal schneiden). Untersuche den geometrischen Ort der Fußpunkte dieser Normalen und stelle ihn dar.
$A(5|-4|5) \; B(5|4|5)$; $P(11|3|5)$

861. In einer durch die Rißachse und einen gegebenen Punkt M bestimmten Ebene sind drei Kreise mit dem gemeinsamen Mittelpunkt M gegeben. Stelle die Kugel, von der der kleinste dieser Kreise ein Großkreis ist, und die durch die beiden andern Kreise begrenzte Kreisringscheibe dar. Konstruiere dann bei einer gegebenen Parallelbeleuchtung die Eigenschatten der Kugel und die Schatten, die jede Figur auf die andere wirft.

862. In einer Kugelschale, deren Randkreis parallel zur Grundrißebene ist, liegt eine Kugel, welche die Schale in ihrem tiefsten

Punkte berührt. Konstruiere die bei einer gegebenen Beleuchtung auftretenden Schatten.

863. Ein halber Drehzylindermantel berührt längs seiner mittleren Mantellinie die Grundrißebene und ist auf beiden Seiten durch Viertelskugeln zu einer wannenförmigen Fläche ergänzt. Zeichne alle an dieser Fläche bei einer gegebenen Parallelbeleuchtung auftretenden Schatten.

864. Gegeben sind zwei Kugeln (M_1, r_1) und (M_2, r_2). Konstruiere bei einer Beleuchtung parallel zur gegebenen Geraden l die Eigenschatten der Kugeln und den Schlagschatten, den die eine auf die andere wirft.
$M_1(6|-4|9)$, $r_1 = 3$; $M_2(5|4|4)$, $r_2 = 4$;
$l = M_1 P(6|4|2)$

Inhaltsverzeichnis

Erster Teil
Kotierte Normalprojektion

Seite

§ 1. *Darstellung des Punktes, der Geraden und der Ebene* . . .   7
    Kotierter Normalriß des Punktes 1–3
    Darstellung der Geraden 4–22
    Darstellung der Ebene 23–44
    Schnittgerade zweier Ebenen 45–63
    Schnittpunkt einer Geraden mit einer Ebene 64–68
    Einige weitere Lageaufgaben 69–79
    Normalstehen von Gerade und Ebene 80–97

§ 2. *Normalprojektion und wahre Gestalt ebener Figuren.*
    Perspektive Affinität   17
    Umklappen der Ebene 98–120
    Schnittwinkel 121–125
    Einige weitere metrische Aufgaben 126–134
    Affinität 135–166

§ 3. *Darstellung des Kreises*   24
    Die Ellipse als Normalriß des Kreises 167–178
    Normale Affinität zwischen Kreis und Ellipse 179–191
    Schiefe Affinität zwischen Kreis und Ellipse 192–206

§ 5. *Darstellung der Kugel* 207–214   29

§ 6. *Das Dreikant* 215–223   30

Zweiter Teil
Zugeordnete Normalrisse oder konjugierte Normalprojektionen

Erster Abschnitt: Punkt, Gerade und Ebene

§ 8. *Darstellung des Punktes* 224–236   33
§ 9. *Die Seitenrißebene* 237–239   35
§ 10. *Darstellung der Geraden* 240–263   35
§ 11. *Darstellung der Ebene* 264–288   38
§ 12. *Normalrisse und wahre Gestalt ebener Figuren*   41
    Zugeordnete Normalrisse ebener Figuren 289–298
    Das Umklappen einer ebenen Figur 299–320
    Zugeordnete Kreisprojektionen 321–332
§ 13. *Schnitte von Ebenen mit Ebenen und Geraden*   45
    Schnittgerade zweier Ebenen 333–342
    Schnittpunkt einer Geraden mit einer Ebene 343–354
    Schattenkonstruktionen 355–376

		Seite
§ 14. Gerade und Ebene in normaler und paralleler Lage	377–422	51
§ 15. Winkel der Geraden und Ebenen	423–432	56
§ 16. Neue Rißebenen. Umprojizieren	433–460	57
§ 17. Verschiedene Aufgaben	461–506	60

Zweiter Abschnitt: Vielflache

§ 18. Darstellung der Vielflache	507–554	66
§ 19. Ebener Schnitt der Prismen und Pyramiden	555–566	71
§ 20. Zentrale Kollineation	567–588	73
§ 21. Durchdringung der Vielflache, insbesondere der Prismen und Pyramiden	589–601	76

Dritter Abschnitt: Runde Strahlenflächen

§ 22. Darstellung der Kreiszylinder und der Kreiskegel	602–621	80
§ 23. Tangentialebenen der Kreiszylinder und Kreiskegel . . .	622–648	82
§ 24. Ebener Schnitt des Kreiszylinders	649–663	86
§ 25 und § 26. Ebener Schnitt des Kreiskegels	664–698	89
Das kollineare Bild des Kreises. Kegelschnittkonstruktionen	699–721	
§ 27. Weitere projektive Kegelschnittkonstruktionen	722–744	97
§ 28. Durchdringung von Kreiszylindern und Kreiskegeln . . .	745–786	99

Vierter Abschnitt: Die Kugel

§ 29. Darstellung der Kugel	787–794	106
§ 30. Tangentialebenen und Schatten der Kugel	795–807	107
§ 31. Ebene Schnitte der Kugel	808–841	109
§ 32. Durchdringungen der Kugel	842–864	114